土力学与地基基础

主　编　陈剑波　郭牡丹
副主编　周秋月

北京理工大学出版社
BEIJING INSTITUTE OF TECHNOLOGY PRESS

内 容 提 要

本书是高等院校建筑工程专业系列教材之一，参照国家最新发布的国家规范和标准进行编写，学生可学习和掌握新规范的内容。全书共有 9 个模块，主要内容包括：土的性质及土方开挖方案识读、土中应力和地基变形的计算、土的抗剪强度与地基承载力的确定、浅基础设计与施工图识读、桩基础设计与施工图识读、地基处理、岩土工程勘察、土压力与基坑支护及土工试验。

本书可作为高等院校土建类专业的专业基础课程教材，也可作为土建类专业勘察与设计及施工技术人员、工程地质勘查技术人员的参考用书。

图书在版编目（CIP）数据

土力学与地基基础 / 陈剑波，郭牡丹主编. -- 北京：北京理工大学出版社，2024.1

ISBN 978-7-5763-3006-9

Ⅰ.①土…　Ⅱ.①陈… ②郭…　Ⅲ.①土力学 ②地基－基础（工程）　Ⅳ.①TU4

中国国家版本馆CIP数据核字（2023）第202888号

责任编辑：江　立　　**文案编辑**：江　立
责任校对：周瑞红　　**责任印制**：王美丽

出版发行 / 北京理工大学出版社有限责任公司
社　　址 / 北京市丰台区四合庄路 6 号
邮　　编 / 100070
电　　话 / （010）68914026（教材售后服务热线）
（010）68944437（课件资源服务热线）
网　　址 / http：//www.bitpress.com.cn

版 印 次 / 2024 年 1 月第 1 版第 1 次印刷
印　　刷 / 北京紫瑞利印刷有限公司
开　　本 / 787 mm × 1092 mm　1/16
印　　张 / 12
字　　数 / 281 千字
定　　价 / 89.00 元

前　言

土力学与地基基础是土建类相关专业的一门综合性很强的专业课程。本书根据教育部高职高专教育土建类专业职业技术课程教学的基本要求，按照《建筑地基基础设计规范》（GB 50007）、《岩土工程勘察规范（2019 年版）》（GB 50021）、《建筑抗震设计规范》（GB 50011）、《建筑桩基技术规范》（JGJ 94）、《建筑地基处理技术规范》（JGJ 79）等相关国家标准和规范编写，通过对基础理论的深入了解和对基本概念的正确应用，达到土力学与地基基础理论与实践的更好结合。

本书充分反映高职教育特色，以培养技术应用能力为主线，以培养职业核心能力和创新能力为目标，强调针对性、实用性和实践性，突出基本概念、基本原理和基本方法，力求做到理论与实际相结合。

本书由南京交通职业技术学院陈剑波、郭牡丹担任主编，南京交通职业技术学院周秋月担任副主编；具体编写分工为：陈剑波编写模块 1 ～模块 4、模块 6 ～模块 8，郭牡丹编写模块 5，周秋月编写模块 9；全书由陈剑波统稿、修改。

本书在编写过程中参阅和引用了一些院校优秀教材的内容，吸收了国内外众多同行专家的最新研究成果，在此谨向各位专家表示感谢。

由于编写时间仓促及编者水平有限，书中难免存在不当或不妥之处，恳请专家、同人和广大读者批评指正。

编　者

目 录

模块1　土的性质及土方开挖方案识读

土的性质包括物理性质、力学性质和工程性质等。

大多数建筑物都是直接建造在地基土上的，因而，土的物理性质及其工程分类是进行土力学计算、地基基础设计和地基处理等必备的知识。

在进行土力学计算及处理地基基础问题时，还需要用到力学性质和工程性质的知识。

1.1　土与地基的概念

自然界中的土是地壳表层的岩石经过风化、剥蚀、破碎、搬运、沉积等过程后在不同条件下形成的自然历史的产物，是各种矿物颗粒(土粒)的集合体，包括岩石经物理风化崩解而形成的碎块及经化学风化而形成的细粒物质，粗至巨砾，细至黏土，统称为土。

视频：土的概念和形成

土具有一种区别于岩石的特性——散粒性，正是由于土的这一基本特性，决定了土与其他工程材料相比具有压缩性大、强度低、渗透性大的特点。

地基指的是支承上部建筑和基础荷载的土层或岩层，如图1-1、图1-2所示。

图1-1　地基与基础

图1-2　建筑与地基

1.1.1　上部建筑、基础与地基

地基与基础是两个完全不同的概念。

通常将埋入土层一定深度的建筑物下部的承重结构称为基础，基础是建筑体的一部分，可由钢筋混凝土、素混凝土及砖等建筑材料筑成；一般将支承上部建筑和基础荷载的土层或岩层称为地基，如图 1-3 所示。

图 1-3　基础与地基

位于基础底面下第一层土称为持力层；在持力层以下的土层称为下卧层，强度低于持力层的下卧层称为软弱下卧层，如图 1-4 所示。地基按地质情况可分为土基和岩基；按设计施工情况可分为天然地基(未经过人工处理的地基)和人工地基。

上部建筑的荷载传递给基础，基础承受上部荷载并传递给地基，三者互相作用、互相联系，如图 1-5 所示。

由于地基的持力层需要承受上部建筑及基础所传递的全部荷载，因此，必须选择承载力较高的土层作为建筑物的地基来承受上部荷载。

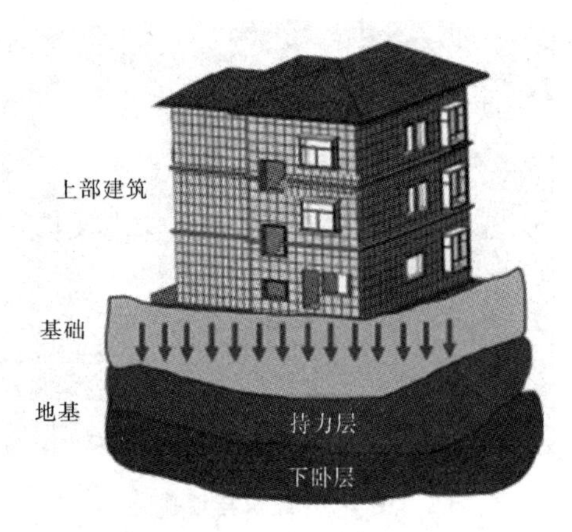

图 1-4　上部建筑、基础与地基

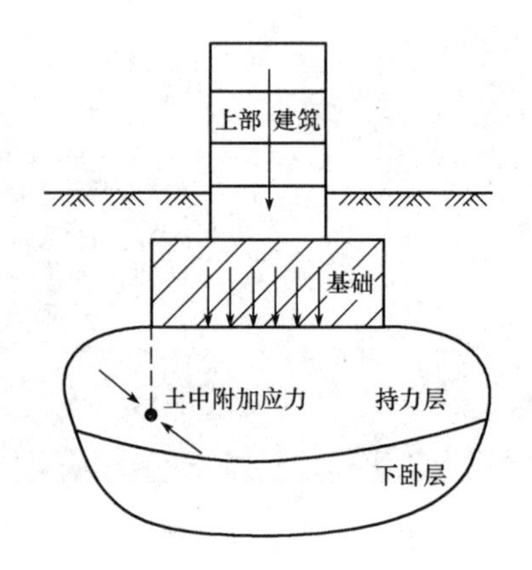

图 1-5　上部建筑、基础与地基传力关系

1.1.2 地基基础安全的保证条件

要保证地基基础安全，需要具备以下条件：

(1)建筑物本身是安全的。

(2)基础本身满足强度、刚度和耐久性的要求。

(3)地基满足的条件。

1)地基的强度条件。要求建筑物的地基应有足够的承载力，在荷载作用下，不发生剪切破坏或失稳。

2)地基的变形条件。要求建筑物的地基不产生过大的变形(包括沉降、沉降差、倾斜和局部倾斜)，保证建筑物正常使用。设计等级为甲级、乙级的建筑物均应按地基变形设计；设计等级为丙级的建筑物按照《建筑地基基础设计规范》(GB 50007—2011)所规定的情况应作变形验算。

3)对经常受水平荷载作用的高层建筑、高耸结构和挡土墙等，以及建造在斜坡上或边坡附近的建筑物和构筑物，还应验算其稳定性。

(4)基坑工程应进行稳定性验算。

(5)建筑地下室或地下构筑物存在上浮问题时，还应进行抗浮验算。

1.2 土的成因和组成

1.2.1 土的成因

土的形成要经历风化、剥蚀、搬运、沉积等作用过程，它是由原岩风化产物经各种外力地质作用而形成的沉积物，至今其沉积历史不长，所以只能形成未经胶结硬化的沉积物，也就是通常所说的“第四纪沉积物”或“土”。由于成土的过程错综复杂，形成了各种成因的土，根据地质成因的条件不同，土可分为以下几类。

1. 残积土

残积土是残留在原地未被搬运的那一部分岩石风化剥蚀后的碎屑堆积物。其成分与母岩相同，一般没有层理构造，均质性差，孔隙度较大，作为建筑物地基容易引起不均匀沉降，如图 1-6 所示。

2. 坡积土

坡积土是高处的风化碎屑物在雨、雪、水或本身重力的作用下搬运而成的山坡堆积物，如图 1-7 所示。它一般分布在坡腰或坡脚下，其上部与残积土相接，厚度变化较大，在斜坡陡处厚度较薄，坡脚处较厚。在坡积土上进行工程建设时，要考虑坡积土本身的稳定性和施工开挖后边坡的稳定性。另外，新近堆积的坡积土具有较高的压缩性。

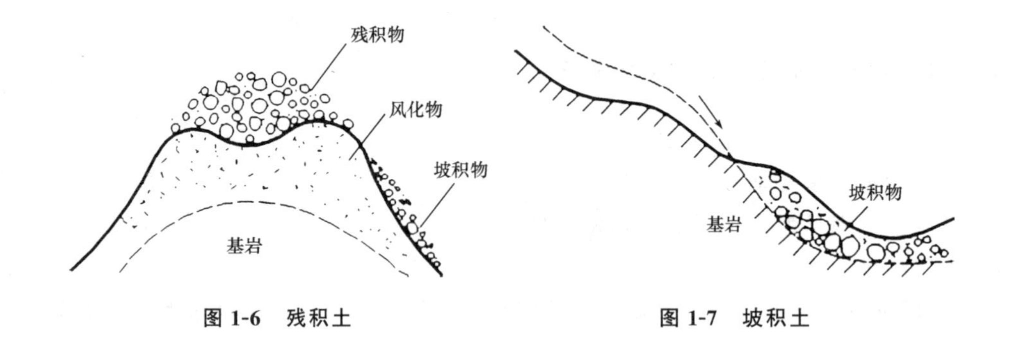

图 1-6　残积土　　　　图 1-7　坡积土

3. 洪积土

洪积土是指在山区或高地由暂时性水流(山洪急流)作用，将大量的残积物、坡积物搬运堆积在山谷中或山前平原上的堆积物，如图 1-8 所示。洪积物质随近山到远山呈现由粗到细的分选作用，但由于每次洪流的搬运能力不同，洪积土具有不规则的交错层理。

4. 冲积土

冲积土是由河流流水的地质作用，将两岸基岩及其上部覆盖的坡积物质、洪积物质剥蚀后搬运沉积在河流坡降平缓地带形成的沉积物，如图 1-9 所示。颗粒在河流上游较粗，向下游逐渐变细，分选性和磨圆度较好，呈现明显的层理构造。

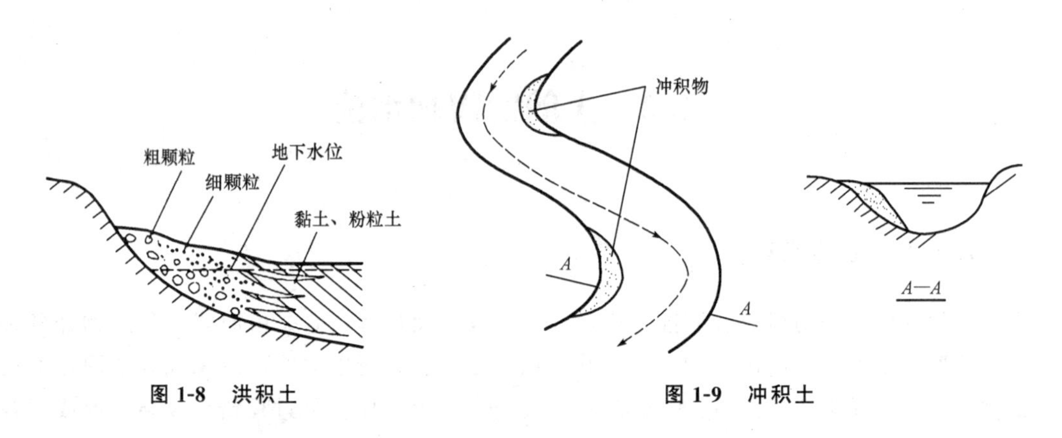

图 1-8　洪积土　　　　图 1-9　冲积土

除以上 4 种土的成因类型外，还有湖泊堆积土、沼泽堆积土、滨海堆积土、冰川堆积土和风力堆积土等，这里不再一一介绍。

上述各种堆积土或沉积土，一般是在第四纪(Q)地质年代内形成的，而建筑工程中所遇到的地基土，基本上都是第四纪堆积土。

了解土的成因对工程设计是十分重要的。

1.2.2　土的组成

在天然状态下，自然界中的土是由固体颗粒、水和气体组成的三相体系。

为了便于说明和计算，通常用土的三相组成图来表示它们之间的数量关系，如图1-10所示。三相图的右侧表示三相组成的体积关系，左侧表示三相组成的质量关系。

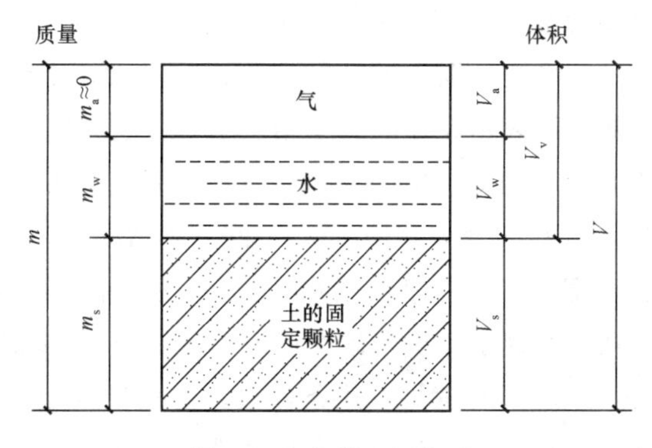

视频：土的组成

图1-10　土的三相关系

m—土的总质量；m_s—土的固定颗粒的质量；m_w—水的质量；V—土的总体积；
V_v—土的孔隙体积；V_s—土的固定颗粒的体积；V_w—水的体积；V_a—气体的体积

1. 土的固体颗粒

(1)粒组划分。自然界中的土都是由大小不同的土颗粒组成的，土颗粒的大小与土的性质密切相关。

如果土颗粒由粗变细，则土的性质由无黏性变为黏性。粒径大小在一定范围内的土，其矿物成分及性质也比较相近。因此，将不同粒径的土粒按适当的粒径范围分为若干粒组，使每个粒组范围内的土具有相似的工程性质，不同粒组之间具有不同的特性。这种划分粒组的分界尺寸称为界限粒径。我国习惯采用表1-1的划分方式划分粒组。

表1-1　土粒粒组的划分

<table>
<tr><th>粒组统称</th><th colspan="2">粒组名称</th><th>粒组粒径 d 的范围/mm</th></tr>
<tr><td rowspan="2">巨粒</td><td colspan="2">漂石(块石)粒</td><td>$d>200$</td></tr>
<tr><td colspan="2">卵石(碎石)粒</td><td>$60<d\leqslant200$</td></tr>
<tr><td rowspan="6">粗粒</td><td rowspan="3">砾粒</td><td>粗砾</td><td>$20<d\leqslant60$</td></tr>
<tr><td>中砾</td><td>$5<d\leqslant20$</td></tr>
<tr><td>细砾</td><td>$2<d\leqslant5$</td></tr>
<tr><td rowspan="3">砂粒</td><td>粗砂</td><td>$0.5<d\leqslant2$</td></tr>
<tr><td>中砂</td><td>$0.25<d\leqslant0.5$</td></tr>
<tr><td>细砂</td><td>$0.075<d\leqslant0.25$</td></tr>
<tr><td rowspan="2">细粒</td><td colspan="2">粉粒</td><td>$0.005<d\leqslant0.075$</td></tr>
<tr><td colspan="2">黏粒</td><td>$d\leqslant0.005$</td></tr>
</table>

(2)土的颗粒级配。土的颗粒级配是指土中各个粒组的相对含量(即土中各个粒组占土粒总量的百分数)，常用来表示土粒的大小及组成情况。土的颗粒级配一般用颗粒级配曲线表示，一般用横坐标表示粒径，用纵坐标表示小于某粒径的土重含量(或累计百分含量)。图 1-11 中曲线 a 平缓，则表示粒径大小相差较大，土粒不均匀，即颗粒级配良好；反之，曲线 b 较陡，则表示粒径的大小相差不大，土粒较均匀，即颗粒级配不良。

工程上，常采用不均匀系数 C_u 和曲率系数 C_c 两个颗粒级配指标，来定量反映土颗粒的组成特征。不均匀系数 C_u 反映大小不同粒组的分布情况。C_u 越大，表示土粒大小的分布范围越广，其颗粒级配越好。曲率系数 C_c 反映曲线的整体形状。我国《土的工程分类标准》(GB/T 50145—2007)规定，对于砂类或砾类土，当 $C_u \geqslant 5$ 且 $1 \leqslant C_c \leqslant 3$ 时，为颗粒级配良好的砂或砾；不能同时满足上述条件时，为颗粒级配不良的砂或砾。颗粒级配良好的土，其强度和稳定性较好，透水性和压缩性较小，是填方工程的良好用料。

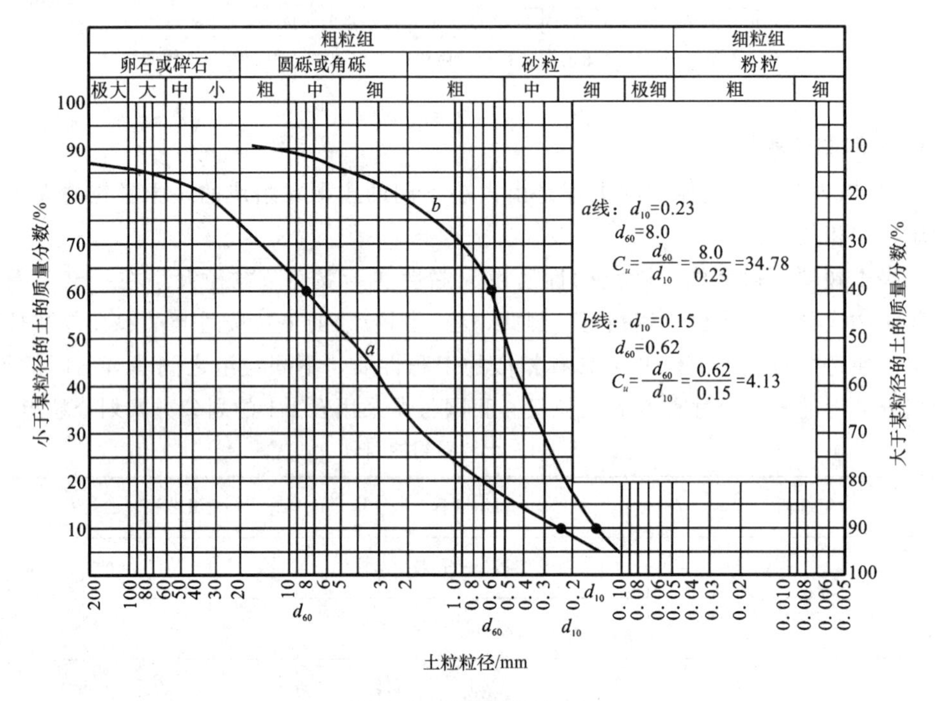

图 1-11　颗粒级配曲线

2. 土中水

自然状态下土中都含有水，土中水与土颗粒之间的相互作用对土的性质影响很大，而且土颗粒越细影响越大。土中液态水主要有结合水和自由水两大类。

(1)结合水。结合水是指由土粒表面电分子吸引力吸附的土中水。根据其离土粒表面的距离又可分为强结合水和弱结合水。

(2)自由水。自由水是指存在于土粒电场范围以外的水。自由水又可分为毛细水和重力水。

1)毛细水是受到水与空气交界面处表面张力作用的自由水。毛细水位于地下水水位以上的透水层中，容易湿润地基造成地陷，特别在寒冷地区，要注意因毛细水上升产生冻胀现象，地下室要采取防潮措施。

2)重力水存在于地下水水位以下的土孔隙中，它是在重力或压力差作用下而运动的自由水。在地下水水位以下的土，受重力水的浮力作用，土中的应力状态会发生改变。施工时，重力水对于基坑开挖、排水等方面会产生较大影响。

3. 土中气体

土中气体存在于土孔隙中未被水占据的部位。

1.3 土的物理性质指标和物理状态指标

1.3.1 土的物理性质指标

土的物理性质指标主要是指描述土的三相物质(固相、液相和气相)在体积和质量上的比例关系的有关指标，也称为土的三相比例指标，如图 1-12 所示。三相比例指标反映着土的干和湿、松和密、软和硬等物理状态，是评价土工程性质的最基本的物理指标，也是工程地质报告中不可缺少的基本内容，如土的含水量、密度及孔隙比等。

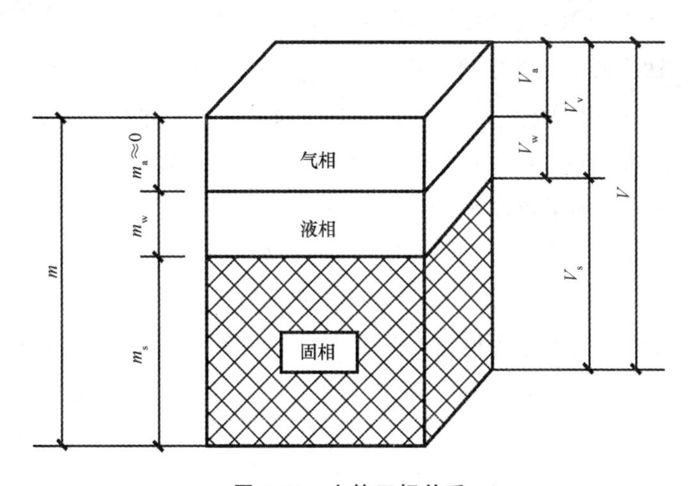

图 1-12 土的三相关系

土的物理性质指标可分为两种：一种是基本指标(可由土工试验直接测定)；另一种是换算指标(可由基本指标经过换算求得)。

土的物理状态，对于无黏性土(粗粒土)是指土的密实度；对于黏性土(细粒土)是指土的软硬程度或称黏性土的稠度。

1. 土的物理性质指标中的基本指标

土的含水量、密度、土粒比重 3 个三相比例指标可由土工试验直接测定，称为基本指标，也称为试验指标。

(1)土的含水量 w 。土中水的质量与土粒质量之比(用百分数表示)，称为土的含水量，也称为土的含水率，即

$$w=\frac{m_w}{m_s}\times 100\% \tag{1-1}$$

同一类土，含水量越高，则土越湿，一般来说也就越软，强度越低。

(2)土的密度 ρ 。单位体积内土的质量称为土的密度(ρ)，单位体积内土的重量称为土的重度(γ)。

$$\rho=\frac{m}{V}\ (\mathrm{g/cm^3}\ 或\ \mathrm{t/m^3}) \tag{1-2}$$

$$\gamma=\rho g\ (\mathrm{kN/m^3}) \tag{1-3}$$

式中　g ——重力加速度，约等于 9.807 $\mathrm{m/s^2}$，一般在工程计算中近似取 $g=10\ \mathrm{m/s^2}$ 。

(3)土粒相对密度 d_s(土粒比重 G_s)。土粒质量与同体积的 4 ℃纯水的质量之比，称为土粒相对密度(无量纲)，也称为土粒比重 G_s，即

$$d_s=\frac{m_s}{V_s\rho_w}=\frac{\rho_s}{\rho_w} \tag{1-4}$$

式中　ρ_s ——土粒的密度($\mathrm{g/cm^3}$)；

ρ_w ——4 ℃纯水的密度，一般取 $\rho_w=1\ \mathrm{g/cm^3}$ 。

以上指标直接由试验测定，也称试验指标。

2. 土的物理性质指标中的换算指标

在测定上述 3 个基本指标之后，经过换算求得下列 6 个指标，称为换算指标。

(1)干密度 ρ_d 和干重度 γ_d 。单位体积内土颗粒的质量称为土的干密度 ρ_d ；单位体积内土颗粒的重量称为土的干重度 γ_d 。其计算公式如下：

$$\rho_d=m_s/V\ (\mathrm{g/cm^3}\ 或\ \mathrm{t/m^3}) \tag{1-5}$$

$$\gamma_d=\rho_d g\ (\mathrm{kN/m^3}) \tag{1-6}$$

在工程上，常将干密度作为检测人工填土密实程度的指标，以控制施工质量。

(2)土的饱和密度 ρ_{sat} 和饱和重度 γ_{sat}。饱和密度是指土中孔隙完全充满水时，单位体积土的质量；饱和重度是指土中孔隙完全充满水时，单位体积内土的重量，即

$$\rho_{sat}=(m_s+V_v\rho_w)/V\ (\mathrm{g/cm^3}\ 或\ \mathrm{t/m^3}) \tag{1-7}$$

$$\gamma_{sat}=\rho_{sat} g\ (\mathrm{kN/m^3}) \tag{1-8}$$

(3)土的有效密度 ρ'和有效重度 γ'。土的有效密度是指在地下水水位以下，单位土体积中土粒的质量扣除土体排开同体积水的质量；土的有效重度是指在地下水水位以下，单位土体积中土粒所受的重力扣除水的浮力，即

$$\rho'=(m_s-V_s\rho_w)/V\ (\mathrm{g/cm^3}\ 或\ \mathrm{t/m^3}) \tag{1-9}$$

$$\gamma' = \rho' g \ (\mathrm{kN/m^3}) \tag{1-10}$$

(4)土的孔隙比 e。孔隙比为土中孔隙体积与土粒体积之比，用小数表示，即

$$e = V_v / V_s \tag{1-11}$$

孔隙比是评价土的密实程度的重要指标。一般孔隙比小于 0.6 的土是低压缩性的土，孔隙比大于 1.0 的土是高压缩性的土。

(5)土的孔隙率 n。孔隙率为土中孔隙体积与土的总体积之比，以百分数表示。

$$n = (V_v / V) \times 100\% \tag{1-12}$$

也可用土的孔隙率来表示土的密实程度。

(6)土的饱和度 S_r。土中水的体积与孔隙体积之比，称为土的饱和度，以百分率表示，即

$$S_r = (V_w / V_v) \times 100\% \tag{1-13}$$

饱和度用作描述土体中孔隙被水充满的程度。干土的饱和度 $S_r=0$；当土处于完全饱和状态时 $S_r=100\%$。根据饱和度，土可划分为稍湿、很湿和饱和三种湿润状态，即 $S_r \leqslant 50\%$，稍湿；$50\% < S_r \leqslant 80\%$，很湿；$S_r > 80\%$，饱和。

粉砂、细砂的饱和程度对其工程性质具有一定的影响。例如，稍湿的粉砂、细砂表现出微弱的黏聚性；而饱和的粉砂、细砂呈散粒状态，并且容易发生流砂现象。因此，在评价粉砂、细砂工程性质时，除确定其密度外，还要考虑其饱和度。

3. 三相比例指标之间的换算关系

在土的三相比例指标中，土的含水量、土的密度和土粒比重 3 个基本指标是通过试验测定的，其他相应各项指标可以通过土的三相比例关系换算求得。各项指标之间的换算公式见表 1-2。

表 1-2　土的三相比例指标之间的换算公式

名称	符号	三相比例指标	常用换算公式	单位	常见的数值范围
相对密度	d_s	$d_s=\frac{m_s}{V_s\rho_w}=\frac{\rho_s}{\rho_w}$	$d_s=\frac{S_r e}{w}$	—	黏性土：2.72～2.75 粉土：2.70～2.71 砂类土：2.65～2.69
含水量	w	$w=\frac{m_w}{m_s}\times 100\%$	$w=\frac{S_r e}{d_s}=\frac{\rho}{\rho_d}-1$	—	20%～60%
密度	ρ	$\rho=\frac{m}{V}$	$\rho=\rho_d(1+w)$ $\rho=\frac{d_s(1+w)}{1+e}\rho_w$	g/cm³	1.6～2.0

续表

名称	符号	三相比例指标	常用换算公式	单位	常见的数值范围
干密度	ρ_d	$\rho_d=\dfrac{m_s}{V}$	$\rho_d=\rho/(1+w)$ $\rho_d=\dfrac{d_s}{1+e}\rho_w$	g/cm^3	1.3～1.8
饱和密度	ρ_{sat}	$\rho_{sat}=\dfrac{m_s+V_v\rho_w}{V}$	$\rho_{sat}=\rho'+\rho_w$ $\rho_{sat}=\dfrac{d_s+e}{1+e}\rho_w$	g/cm^3	1.8～2.3
有效密度	ρ'	$\rho'=\dfrac{m_s-V_s\rho_w}{V}$	$\rho'=\rho_{sat}-\rho_w$ $\rho'=\dfrac{d_s-1}{1+e}\rho_w$	g/cm^3	0.8～1.3
重度	γ	$\gamma=\dfrac{m}{V}g$	$\gamma=\dfrac{d_s(1+w)}{1+e}\gamma_w$	kN/m^3	16～20
干重度	γ_d	$\gamma_d=\dfrac{m_s}{V}g$	$\gamma_d=\dfrac{d_s}{1+e}\gamma_w$	kN/m^3	12～18
饱和重度	γ_{sat}	$\gamma_{sat}=\dfrac{m_s+V_v\rho_w}{V}g$	$\gamma_{sat}=\dfrac{d_s+e}{1+e}\gamma_w$	kN/m^3	18～23
有效重度	γ'	$\gamma'=\dfrac{m_s-V_s\rho_w}{V}g$	$\gamma'=\dfrac{d_s-1}{1+e}\gamma_w$	kN/m^3	8～13
孔隙比	e	$e=\dfrac{V_v}{V_s}$	$e=\dfrac{d_s(1+w)}{\rho}\rho_w-1$	—	黏性土和粉土：0.40～1.20 砂类土：0.30～0.90
孔隙率	n	$n=\dfrac{V_v}{V}\times100\%$	$n=\dfrac{e}{1+e}$	—	黏性土和粉土：30%～60% 砂类土：25%～60%
饱和度	S_r	$S_r=\dfrac{V_w}{V_v}\times100\%$	$S_r=\dfrac{d_s w}{e}$ $S_r=\dfrac{w\rho_d}{n\rho_w}$	—	0～100%

【例 1-1】 某土样经试验测得体积为 100 cm^3，质量为 187 g，烘干后测得质量为

167 g。已知土粒相对密度 $d_s=2.66$，试计算该土样的含水量 w、密度 ρ、重度 γ、干重度 γ_d、孔隙比 e 、饱和度 S_r、饱和重度 γ_{sat}和有效重度 γ'。

【解】 $w=\frac{m_w}{m_s}\times100\%=\frac{187-167}{167}\times100\%=11.98\%$

$\rho=\frac{m}{V}=\frac{187}{100}=1.87(\text{g/cm}^3)$

$\gamma=\rho g=1.87\times10=18.7(\text{kN/m}^3)$

$\gamma_d=\rho_d g=\frac{167}{100}\times10=16.7(\text{kN/m}^3)$

$e=\frac{d_s(1+w)\rho_w}{\rho}-1=\frac{2.66\times(1+0.119\,8)}{1.87}-1=0.593$

$S_r=\frac{wd_s}{e}=\frac{0.119\,8\times2.66}{0.593}\times100\%=53.7\%$

$\gamma_{sat}=\frac{d_s+e}{1+e}\gamma_w=\frac{2.66+0.593}{1+0.593}\times10=20.4(\text{kN/m}^3)$

$\gamma'=\gamma_{sat}-\gamma_w=20.4-10=10.4(\text{kN/m}^3)$

1.3.2 土的物理状态指标

1. 无黏性土的密实度

土的密实度是指单位体积中固体颗粒充满的程度，密实度是反映无黏性土工程性质的主要指标。无黏性土颗粒排列紧密，呈密实状态时，强度较高，压缩性较小，可作为良好的天然地基；呈松散状态时，强度较低，压缩性较大，为不良地基。判别砂土密实状态的指标通常有下列三种：

(1)孔隙比 e 。采用天然孔隙比的大小来判断砂土的密实度，是一种较简便的方法。一般当 $e<0.6$ 时，属于密实的砂土，是良好的天然地基；当 $e>0.95$ 时，为松散状态，不宜作为天然地基。

(2)相对密度 D_r。当砂土处于最密实状态时，其孔隙比称为最小孔隙比 e_{min}；而当砂土处于最疏松状态时，其孔隙比称为最大孔隙比 e_{max}；砂土在天然状态下的孔隙比用 e 表示，相对密度 D_r 用下式表示：

$$D_r=\frac{e_{max}-e}{e_{max}-e_{min}} \tag{1-14}$$

当砂土的天然孔隙比接近最大孔隙比时，其相对密度接近 0，则表明砂土处于最松散的状态；而当砂土的天然孔隙比接近最小孔隙比时，其相对密度接近 1，表明砂土处于最紧密的状态。用相对密度 D_r 判定砂土密实度的标准如下：

$0<D_r\leqslant0.33$，松散；

$0.33<D_r\leqslant0.67$，中密；

$0.67<D_r\leqslant1$，密实。

(3)标准贯入试验锤击数 N。在实际工程中，天然砂土的密实度可根据标准贯入试验的锤击数 N 进行评定，表 1-3 给出了《建筑地基基础设计规范》(GB 50007—2011)的判别标准。

表 1-3　按锤击数 N 划分砂土密实度

密实度	松散	稍密	中密	密实
标准贯入试验锤击数 N	$N \leqslant 10$	$10 < N \leqslant 15$	$15 < N \leqslant 30$	$N > 30$
注：当用静力触探探头阻力判定砂土的密实度时，可根据当地经验确定				

2. 黏性土的物理状态指标

黏性土主要成分是黏粒，土粒很细、单位体积的颗粒总表面积较大，土粒表面与水互相作用的能力强，土粒之间存在黏结力。当土中含水量较少时，土呈固体状态，强度较大，随着含水量的增多，土将从固体状态经可塑状态转为流塑状态，相应地，土的强度显著降低。土的这一特性——软硬程度，称为稠度。稠度是指黏性土在某一含水量下，对外力引起的变形或破坏的抵抗能力。黏性土由于含水量的不同，而分别处于固态、半固态、可塑状态及流动状态。

(1)黏性土的界限含水量。黏性土从一种状态过渡到另一种状态的分界含水量称为界限含水量。黏性土由可塑状态转到流动状态的界限含水量称为液限 w_L；由半固态转到可塑状态的界限含水量称为塑限 w_P；由固态转到半固态的界限含水量称为缩限 w_S，如图 1-13 所示。当黏性土在某一含水量范围内时，可用外力将土塑成任何形状而不产生裂纹，即使外力移去后仍能保持既得的形状，土的这种性能称为土的可塑性。

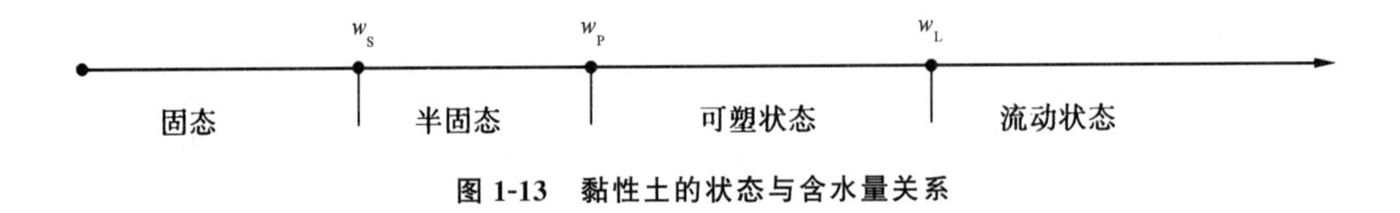

图 1-13　黏性土的状态与含水量关系

(2)黏性土的塑性指数和液性指数。

1)塑性指数。塑性指数是指液限 w_L 和塑限 w_P 的差值，即黏性土处在可塑状态的含水量的变化范围，用 I_P 表示，即

$$I_P = w_L - w_P \tag{1-15}$$

式中　w_L、w_P——黏性土的液限和塑限，用百分数表示，计算塑性指数 I_P 时去掉百分符号。土粒越细，黏粒含量越多，其比表面积也越大，与水作用和进行交换的机会越多，塑性指数也越大，由于塑性指数在一定程度上综合反映了影响黏性土物理状态的各种重要因素，因此在工程上常按塑性指数对黏性土进行分类。《建筑地基基础设计规范》(GB 50007—2011)规定，塑性指数 $I_P > 10$ 的土为黏性土，其中 $10 < I_P \leqslant 17$ 时为粉质黏土；$I_P > 17$ 时为黏土。

2)液性指数。液性指数是指土的天然含水量和塑限的差值与塑性指数 I_P 之比，用 I_L 表示，即

$$I_L=\frac{w-w_P}{I_P} \tag{1-16}$$

液性指数是表示黏性土软硬程度(稠度)的物理指标。根据《建筑地基基础设计规范》(GB 50007—2011)规定，液性指数 I_L 将黏性土划分为坚硬、硬塑、可塑、软塑和流塑 5 种状态，见表 1-4。

表 1-4　黏性土状态的划分

状态	坚硬	硬塑	可塑	软塑	流塑
液性指数 I_L	$I_L\leqslant 0$	$0<I_L\leqslant 0.25$	$0.25<I_L\leqslant 0.75$	$0.75<I_L\leqslant 1$	$I_L>1$

(3)黏性土的灵敏度和触变性。天然状态下的黏性土通常具有相对较高的强度。

当土体受到扰动时，土的结构破坏，因此强度降低。这种影响一般用土的灵敏度来表示，即

$$S_t=\frac{q_u}{q_0} \tag{1-17}$$

式中　q_u——原状土的强度；

　　　q_0——土样受扰动后的强度。

工程中可根据灵敏度的大小，将饱和黏性土分为以下三类：

低灵敏土，$1<S_t\leqslant 2$；

中灵敏土，$2<S_t\leqslant 4$；

高灵敏土，$S_t>4$。

土的灵敏度越高，受扰动后土的强度降低就越多，这对工程建设是不利的，如在基坑开挖过程中，因施工可能造成土的扰动而会使地基强度降低。

黏性土受扰动以后强度降低，但静置一段时间以后强度逐渐恢复的现象，称为土的触变性。如采用深层挤密类方法进行地基处理时，处理以后的地基常静置一段时间再进行上部结构的修建。

1.4　地基土的工程分类

土的工程分类就是根据工程实践经验和土的主要特征，将工程性能近似的土划分为一类，这样既便于正确选择对土的研究方法，又可根据分类名称大致判断土的工程特性，评价土作为建筑材料或地基的适宜性及结合其他指标来确定地基的承载力等。

岩土的分类方法有很多，用途不同所采用的分类方法不同。

《建筑地基基础设计规范》(GB 50007—2011)将作为建筑地基的岩土，分为岩石、碎石土、砂土、粉土、黏性土、人工填土和特殊土。

1.4.1 岩石

岩石应为颗粒间牢固联结，呈整体或具有节理裂隙的岩体。

岩石按坚硬程度可划分为坚硬岩、较硬岩、较软岩、软岩、极软岩，见表1-5。

表1-5 岩石坚固程度的划分

坚硬程度类别	坚硬岩	较硬岩	较软岩	软岩	极软岩
饱和单轴抗压强度标准值 f_{rk}/MPa	$f_{rk}>60$	$60\geqslant f_{rk}>30$	$30\geqslant f_{rk}>15$	$15\geqslant f_{rk}>5$	$f_{rk}\leqslant 5$

1.4.2 碎石土

碎石土为粒径大于2 mm的颗粒含量超过总质量的50%的土，可分为漂石、块石、卵石、碎石、圆砾和角砾，见表1-6。

表1-6 碎石土的分类

土的名称	颗粒形状	粒组含量
漂石	圆形及亚圆形为主	粒径大于200 mm的颗粒含量超过总质量的50%
块石	棱角形为主	
卵石	圆形及亚圆形为主	粒径大于20 mm的颗粒含量超过总质量的50%
碎石	棱角形为主	
圆砾	圆形及亚圆形为主	粒径大于2 mm的颗粒含量超过总质量的50%
角砾	棱角形为主	
注：分类时应根据“粒组含量”栏从上到下以最先符合者确定		

1.4.3 砂土

砂土为粒径大于2 mm的颗粒含量不超过总质量的50%、粒径大于0.075 mm的颗粒含量超过总质量的50%的土，可分为砾砂、粗砂、中砂、细砂和粉砂，见表1-7。

表 1-7　砂土的分类

土的名称	粒组含量
砾砂	粒径大于 2 mm 的颗粒含量占总质量的 25%～50%
粗砂	粒径大于 0.5 mm 的颗粒含量超过总质量的 50%
中砂	粒径大于 0.25 mm 的颗粒含量超过总质量的 50%
细砂	粒径大于 0.075 mm 的颗粒含量超过总质量的 85%
粉砂	粒径大于 0.075 mm 的颗粒含量超过总质量的 50%
注：分类时应根据“粒组含量”栏从上到下以最先符合者确定	

1.4.4　粉土

粉土为介于砂土与黏性土之间，塑性指数 $I_P \leqslant 10$ 且粒径大于 0.075 mm 的颗粒含量不超过总质量的 50%的土。粉土具有砂土和黏性土的某些特征。

1.4.5　黏性土

黏性土为塑性指数 I_P 大于 10 的土，可分为黏土和粉质黏土，见表 1-8。

表 1-8　黏性土的分类

土的名称	塑性指数 I_P
黏土	$I_P > 17$
粉质黏土	$10 < I_P \leqslant 17$
注：1. 塑性指数由相应于 76 g 圆锥体沉入土样中深度为 10 mm 时测定的液限计算而得。 2. 黏性土按液性指数可分为坚硬、硬塑、可塑、软塑和流塑五种状态	

1.4.6 人工填土

由人类活动堆填的土称为人工填土。人工填土根据其组成和成因，可分为素填土、压实填土、杂填土、冲填土。

(1) 素填土是由碎石、砂土、粉土、黏性土等一种或几种土组成的填土，其中不含杂质或杂质很少。

(2) 压实填土是经过压实或夯实的素填土。

(3) 杂填土是由含有建筑垃圾、工业废料、生活垃圾等杂物组成的填土。

(4) 冲填土是由水力冲填泥砂形成的填土。

人工填土的物质成分复杂，均匀性较差，作为地基应注意其不均匀性。人工填土可按堆填时间分为老填土和新填土，通常把堆填时间超过 10 年的黏性填土或超过 5 年的粉性填土称为老填土，否则称为新填土。

1.4.7 特殊土

除上述 6 种土类外，还有一些特殊土，如软土、红黏土、湿陷性黄土、膨胀土等，它们在特定的地理环境、气候等条件下形成，具有特殊的工程性质。

1.5 地基持力层选择

地基中的持力层需要承受并往下传递上部建筑与基础的全部荷载，因此，在选择持力层时，应考虑持力层承载力、沉降变形以及稳定性的要求，也就是说，持力层除在承载力方面应大于上部建筑与基础的全部荷载、沉降变形应符合建筑规范的规定外，还需要不发生稳定性破坏。另外，在选择持力层时也要考虑经济因素，如果选择的持力层太深，施工造价就会过高。

选择持力层应根据地勘部门的地质报告所提供各层地基承载能力特征值及建议，结合工程的荷载、使用功能、工程的重要性及施工技术等综合因素来确定。

在合理确定好地基中的持力层以后，施工单位就可以根据勘察报告及土方开挖施工方案进行土方开挖了。

【例 1-2】 已知某建筑为三层，每层建筑总荷载 $F_k=1\ 500$ kN，基础自重荷载和基础上的土重 G_k 为 900 kN，筏形基础面积 S 为 10 m×3 m，地下为三层土，具体如图 1-14 所示，仅考虑轴心荷载作用(不考虑其他因素)时，请根据地基承载力初步选择合理的持力层(土的自重为粗略估算值，不考虑因土的深度产生的误差)(f_a 为修正后的地基的承载力特征值)。

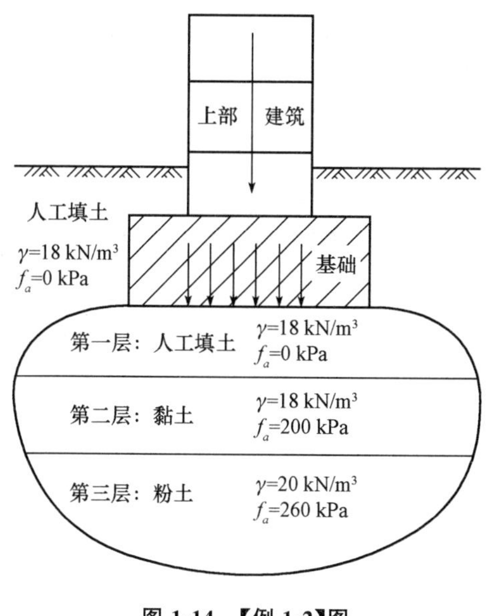

图 1-14 【例 1-2】图

【解】 (1)中心荷载作用下，基底压力为

$$p_k=\frac{F_k+G_k}{S}=\frac{1\ 500\times3+900}{10\times3}=180(\text{kPa})$$

(2)根据三层土的承载力，且考虑经济因素，可知第二层土的承载力特征值 200 kPa 大于上部荷载产生基底压力 180 kPa，因此可以选择第二层土作为地基的持力层。第三层土的承载力特征值 260 kPa 虽然也大于上部荷载产生的基底压力，但是从经济角度来看，优先选择第二层土。

1.6 土的工程特性指标

(1)土的工程特性指标可采用强度指标、压缩性指标及静力触探探头阻力、动力触探锤击数、标准贯入试验锤击数、载荷试验承载力等特性指标表示。

(2)地基土工程特性指标的代表值应分别为标准值、平均值及特征值。抗剪强度指标应取标准值，压缩性指标应取平均值，载荷试验承载力应取特征值。

(3)载荷试验应采用浅层平板载荷试验或深层平板载荷试验。浅层平板载荷试验适用于浅层地基，深层平板载荷试验适用于深层地基。

(4)土的抗剪强度指标，可采用原状土室内剪切试验、无侧限抗压强度试验、现场剪切试验、十字板剪切试验等方法测定。

(5)土的压缩性指标可采用原状土室内压缩试验、原位浅层或深层平板载荷试验、旁压试验确定，并应符合《建筑地基基础设计规范》(GB 50007—2011)的规定。

1.7 土方工程施工与土方开挖施工方案编写要点

1.7.1 土方工程施工

(1)在土石方工程开挖施工前，应完成支护结构、地面排水、地下水控制、基坑及周边环境监测、施工条件验收和应急预案准备等工作的验收，合格后方可进行土石方工程开挖。

(2)在土石方工程开挖施工中，应定期测量和校核设计平面位置、边坡坡率和水平标高。平面控制桩和水准控制点应采取可靠措施加以保护，并应定期检查和复测。土石方不应堆在基坑影响范围内。

(3)土石方开挖的顺序、方法必须与设计工况和施工方案相一致，并应遵循“开槽支撑，先撑后挖，分层开挖，严禁超挖”的原则。

(4)平整后的场地表面坡率应符合设计要求，设计无要求时，沿排水沟方向的坡率不应小于2‰，平整后的场地表面应逐点检查。土石方工程的标高检查点为每100 m^2 取1点，且不应少于10点；土石方工程的平面几何尺寸(长度、宽度等)应全数检查；土石方工程的边坡为每20 m取1点，且每边不应少于1点。土石方工程的表面平整度检查点为每100 m^2 取1点，且不应少于10点。

(5)施工前应检查支护结构质量、定位放线、排水和地下水控制系统，以及对周边影响范围内地下管线和建(构)筑物保护措施的落实，并应合理安排土方运输车辆的行走路线及弃土场。附近有重要保护设施的基坑，应在土方开挖前对围护体的止水性能通过预降水进行检验。

(6)施工中应检查平面位置、水平标高、边坡坡率、压实度、排水系统、地下水控制系统、预留土墩、分层开挖厚度、支护结构的变形，并随时观测周围环境变化。

(7)施工结束后应检查平面几何尺寸、水平标高、边坡坡率、表面平整度和基底土性等。

(8)临时性挖方工程的边坡坡率允许值应符合表1-9的规定或经设计计算确定。

表 1-9　临时性挖方工程的边坡坡率允许值

序号	土的类别		边坡坡率(高：宽)
1	砂土	不包括细砂、粉砂	1：1.25～1：1.50
2	黏性土	坚硬	1：0.75～1：1.00
		硬塑、可塑	1：1.00～1：1.25
		软塑	1：1.50 或更缓
3	碎石土	充填坚硬黏土、硬塑黏土	1：0.50～1：1.00
		充填砂土	1：1.00～1：1.50

注：1. 本表适用于无支护措施的临时性挖方工程的边坡坡率。
2. 设计有要求时，应符合设计标准。
3. 本表适用于地下水水位以上的土层。采用降水或其他加固措施时，可不受本表限制，但应计算复核。
4. 一次开挖深度，软土不应超过 4 m，硬土不应超过 8 m

(9)柱基、基坑、基槽土方开挖工程的质量检验标准应符合表 1-10 的规定，土方开挖工程的其他质量检验标准应符合《建筑地基基础工程施工质量验收标准》(GB 50202—2018)的规定。

表 1-10　柱基、基坑、基槽土方开挖工程的质量检验标准

项	序	项目	允许值或允许偏差		检查方法
			单位	数值	
主控项目	1	标高	mm	0 −50	水准测量
	2	长度、宽度(由设计中心线向两边量)	mm	+200 −50	全站仪或用钢尺量
	3	坡率	设计值		目测法或用坡度尺检查
一般项目	1	表面平整度	mm	±20	用 2 m 靠尺
	2	基底土性	设计要求		目测法或土样分析

(10)在基坑(槽)、管沟等周边堆土的堆载限值和堆载范围应符合基坑围护设计要求，严禁在基坑(槽)、管沟、地铁及建(构)筑物周边影响范围内堆土。对于临时性堆土，应视挖方边坡处的土质情况、边坡坡率和高度，检查堆放的安全距离，确保边坡稳定。在挖方下侧堆土时应使土堆表面平整，其顶面高程应低于相邻挖方场地设计标高，保持排水畅通，堆土边坡坡率不宜大于 1：1.5。在河岸处堆土时，不得影响河堤的稳定和排水，不得阻塞污染河道。

(11)施工前应检查基底的垃圾、树根等杂物清除情况，测量基底标高、边坡坡率，检查验收基础外墙防水层和保护层等。回填料应符合设计要求，并应确定回填料含水量控制范围、铺土厚度、压实遍数等施工参数。

(12)施工中应检查排水系统，每层填筑厚度、辗迹重叠程度、含水量控制、回填土有机质含量、压实系数等。回填施工的压实系数应满足设计要求。当采用分层回填时，应在下层的压实系数经试验合格后再进行上层施工。填筑厚度及压实遍数应根据土质、压实系数及压实机具确定。无试验依据时，应符合表1-11的规定。

表1-11　填土施工时的分层厚度及压实遍数

压实机具	分层厚度/mm	每层压实遍数
平辗	250～300	6～8
振动压实机	250～350	3～4
柴油打夯	200～250	3～4
人工打夯	<200	3～4

其他土方施工要求，具体详见《建筑地基基础工程施工质量验收标准》(GB 50202—2018)。

1.7.2　土方开挖施工方案编写要点

1. 编制依据

编制依据为基坑支护设计施工图、工程地质勘察报告、地下室结构设计施工图、现行国家有关施工及验收规范和执行文件、现行相关建筑工程技术规范和建筑工程验收规范等。

2. 工程概况

(1)工程所处地段，周边建筑、道路以及市政管、沟、电缆等情况(要详细说明场地内和邻近地区地下管道、管线图和有关资料，如位置、深度、直径、构造及埋设年份等；邻近的原有建筑物、构筑物的结构类型、层数、基础类型、埋深、基础荷载及上部结构建设现状)。

(2)基坑平面尺寸、开挖深度、土方量、坑中坑情况、降排水条件及出土口设置等。

(3)工程桩基情况：桩形、桩径、桩长、所处持力层、桩施工结果情况。

(4)基坑支护类型：围护桩(类型、桩长、桩径、持力层深度)、支撑概况(道数、支撑截面尺寸等参数)。

所附图表：施工总平面布置图，内容包括指北针，大门，围墙，场地内、外建筑物和道路位置，塔式起重机位置，临时设施、钢筋、砂石等材料堆放位置与堆量，围护栏杆设置和上下基坑通道位置。

3. 工程地质与水文地质情况

(1)场地工程地质，要介绍典型土层的土层分布与土性描述(最好有典型地质剖面图)，提供各土层的物理试验指标(厚度、含水量、压缩系数、固结快剪内摩擦角 φ、黏聚力 c、渗透系数 k 等数据)。

(2)施工区域内及邻近地区地下水情况。

4. 土方工程施工

(1)施工准备工作。

1)勘查现场，清除地面及地上障碍物。

2)做好施工场地排水工作，绘制出详细的基坑内外排水系统图。内容包括内外排水沟、盲沟、集水井、洗车池、沉淀池等位置及排水去向和措施。

3)保护测量基准桩，以保证土方开挖标高位置与尺寸准确无误。

(2)土方开挖。土方开挖方案按“分区、分块、分层”等原则进行详细的说明，遵循“开槽支撑，先撑后挖，分层开挖，严禁超挖”原则，以“机挖人修，五边法施工(边挖土、边凿桩、边铺碎石垫层、边浇筑混凝土垫层、边砌砖胎膜)”为总纲。应细化其分层数、各层厚度、坡度、平台宽度、挖土路线、开挖土方量、所需的机械选型与台数、劳动力人数及时间进度计划安排。所附图表：各阶段土方开挖平面图和相应剖面图(标明挖土路线)、施工机械设施配备表、土方开挖进度安排表、底板分块浇捣与挖土关系顺序图。

(3)土方施工把握重点。

1)坑中坑土方开挖方案应细化。

2)工程桩、塔式起重机基桩及支撑体系(支撑梁、格构立柱)的保护措施。

3)基坑周边堆载和道路使用管理。

4)超高桩截桩和支撑梁底混凝土凿除处理措施。

5)避免超挖现象，基底 30 cm 厚土层采用人工方法修土，防止土体严重受扰动。

6)土方开挖工程完成后要尽量减少土体暴露时间。

7)基础混凝土施工阶段的相关情况。

8)地下管线的保护措施。

9)支护桩桩间漏水、漏土处理措施。

(4)开挖监控。开挖前应做出系统的开挖监控方案，监控方案应包括监控目的、监测项目、监控报警值、监测方法及精度要求、监测点的布置、监测周期、工序管理和记录制度及信息反馈系统等。

(5)应急抢险。应急机具和材料要量化，并成立由业主、监理、设计方和施工方组成的应急抢险小组，附联系电话。

5. 安全保证措施把握重点

(1)人工挖土与多台机械开挖时的安全距离及挖土顺序。

(2)开挖放坡应随时注意边坡的稳定。

(3)机械挖土多台阶同时开挖土方时，应验算边坡的稳定。根据规定和验算确定挖土机与边坡的安全距离。

(4)2 m深基坑四周应设防护栏杆，人员上下要有专用爬梯(介绍栏杆和爬梯做法、布置)。

(5)运土道路的坡度、转弯半径要符合有关安全规定。

(6)建立健全施工安全保证体系，落实有关建筑施工的基本安全措施等内容。

6. 环保措施把握重点

灰尘、噪声、污染水、油污等处理。

1.8 某小区土方开挖施工方案

1.8.1 土方开挖施工方案目录

1.8.2 土方开挖施工方案正文

1. 综合说明

(1)工程概况。本标段工程位于××市××小区东侧，开挖场地较为开阔，无建筑物障碍；建筑面积约为 55 000 m^2；地下车库面积约为 18 000 m^2。

本工程为钢筋混凝土剪力墙结构，共 7 栋，每栋 18 层。抗震设防烈度为 7 度，设计基本地震加速度值为 0.10 g，场地土类型为中硬场地土，场地类别为Ⅱ类。本工程钢筋混凝土剪力墙的抗震等级为三级。基础形式为片式筏形基础及独立基础，混凝土强度等级为 C30，该工程地下两层，地下一层为车库，地下二层为相关办公室。独立基础基底标高为－5.1 m；筏形基底标高为－5.9 m，基底标高复杂，土方开挖时要做好标高控制，严禁超挖。

该工程地下水水位较高，根据 2023 年 5 月地质报告，地下水水位埋深为 6.0 m 左右，因雨期降水较多，估计水位有所升高，土方开挖前须做好基坑降水。

(2)编制依据。该施工组织设计的编制依据主要是招标文件及图纸；现行规范、规程及现场实际情况。主要规范、规程如下：

1)《建筑边坡工程技术规范》(GB 50330—2013)。

2)《建筑与市政工程地下水控制技术规范》(JGJ 111—2016)。

3)《建筑基坑支护技术规程》(JGJ 120—2012)。

4)《基坑土钉支护技术规程》(CECS 96：97)。

5)《岩土锚杆与喷射混凝土支护工程技术规范》(GB 50086—2015)。

6)《建筑地基基础工程施工质量验收标准》(GB 50202—2018)。

7)《建筑施工安全检查标准》(JGJ 59—2011)。

8)《建筑工程施工质量验收统一标准》(GB 50300—2013)。

9)《建筑机械使用安全技术规程》(JGJ 33—2012)。

(3)总体施工部署。

1)质量目标。根据招标文件要求，确保合格，争创优良工程。分项隐蔽工程验收一次合格率 100%，优良率 85%。竣工验收一次合格率 100%，优良率 85%。

2)工期目标。根据招标文件要求，确保总工期 20 d 完工，开工日期按业主要求，工期控制点如下所示(因开工日期未定，暂按 1 号开始安排工期，待开工日期确定做相应调整)。

深井开挖：	1—6 号	6 d
第一步土方开挖：	4—6 号	3 d
第一步边坡支护：	5—9 号	5 d
第二步土方开挖：	8—10 号	3 d
第二步边坡支护：	9—13 号	5 d
第三步土方开挖：	12—14 号	3 d
第三步边坡支护：	13—17 号	5 d
第四步土方开挖：	16—18 号	3 d
基坑清理：	19—20 号	2 d

3)安全文明施工目标。现场施工期间，现场安全文明达到市“安全文明优秀示范工地”标准。

4)施工部署。该工程采用深井降水，场内共设 11 口井，井深为 10 m，滤管内径为 400 mm。开工前，应协调办理交通、环卫、环保车辆通行手续，根据降水观测情况，满足开挖条件后，开始按由东向西的行走方向开挖。采用 1 台美国 CAT320L(1 m^3)反铲挖掘机、10 辆斯太尔自卸车，进行土方开挖。该工程土方分四步开挖，每步开挖完毕后进行钢筋混凝土锚喷支护。

①拟投入的主要施工机械设备见表 1-12。

表 1-12　拟投入的主要施工机械设备

序号	设备或设备名称	型号规格	国别产地	制造年份	数量	额定功率/kW	生产能力	备注
1	泥浆泵	BW320	北京	2003	1	7.5	—	完好
2	混凝土喷射机	转 V	泰安	2002	1	10	—	完好
3	注浆机(带电机)	BW15D	衡阳	2002	1	10	—	完好
4	搅拌机	J1-400	衡阳	2002	1	7.5	—	完好
5	电焊机	BX3-300-2	济南	2002	1	3.0	—	完好
6	空压机	VY-12/7	柳州	2002	1	0.5	—	完好
7	水准仪	QF50T	柳州	2001	1	—	—	完好
8	钻机	SPJ-300	—	—	2	15	—	完好
9	切割机	—	—	—	1	—	—	完好
10	汽车	五十铃	—	—	1	90	—	完好
11	潜泵	QY15-26-2.2	—	—	20	1.0	—	完好
12	挖掘机	CAT320L	美国	2003	1	—	1 m^3	完好
13	自卸车	斯太尔	济南	2003	10	—	20 t	完好
14	装载机	—	山东	—	—	—	3 m^3	完好

②主要劳动力计划见表1-13。

表1-13　劳动力计划　人

工种级别	按工程施工阶段投入劳动力情况		
	施工降水	土方开挖	边坡支护
普通工	16	36	33
放线工	4	4	4
机具工	4	—	4
司机	4	15	2
电工	2	2	2
维修工	4	4	4

2. 土方开挖方案

(1)施工准备。

1)工程投入的主要物资。该分项工程主要投入抽水泵、水管、配电箱、电缆线、钢板、钢丝绳、防滑草袋、铁锹、扫帚等物资，其数量及进场时间根据现场施工情况配备。

2)拟投入的机械设备情况及进出场计划见表1-14。

表1-14　拟投入的主要施工机械设备

序号	机械或设备名称	型号规格	数量	国别产地	制造年份	额定功率/kW	生产能力	备注
1	挖掘机	CAT320L	1	美国	2003	—	1 m^3	完好
2	自卸车	斯太尔	10	中国济南	2003	—	20 t	完好
3	装载机	—	1	中国山东	2003	—	3 m^3	完好
4	抽水泵	—	8	中国山东	2004	—	—	完好

以上机械设备开工第二天进入施工现场。工程完工，经验收合格后机械设备退场。

3)劳动力计划见表 1-15。

表 1-15　劳动力计划　　人

工种级别	按工程施工阶段投入劳动力情况		
	施工降水	土方开挖	边坡支护
普通工	—	36	—
放线工	—	4	—
机具工	—	—	—
司机	—	15	—
电工	—	2	—
维修工	—	4	—

(2)主要施工方法。

1)设备进场前，按甲方的要求及有关部门规划、规定，设立施工放线控制点和高程水准点。根据图纸及现场实际情况，该工程基坑较深，基坑南侧与原有办公楼地下室相接部分不放坡；东侧采用锚喷支护，留有 500 mm 宽的工作面，不放坡，以便下道工序的施工及有利于保护原有西侧的污水管道；西侧留有 500 mm 宽的工作面，该处紧靠场内主要道路，采用锚喷支护，不放坡；北侧留有 800 mm 宽的工作面，锚喷支护，按 1∶0.2 的系数放坡。先放好坡顶线、坡底线，经复测及验收合格后开始开挖。

2)基坑挖土分三大步进行，局部分四步进行(片式筏板)，第一步挖 1.6 m，第二步挖 1.6 m，第三步挖 1.6 m，第四步挖 0.9 m。预留 20 cm 土层人工清理。

3)第一步先挖去基槽南侧较高处土方，然后下挖至自然地坪下 1.6 m，自东向西进行，开挖时边坡预留 20 cm 人工清理。

4)第一步挖土结束，随后进行边坡支护，待锚喷混凝土达到允许强度后开始第二步开挖。挖掘机回到第一步开挖起始点按第一步行走方向进行第二步开挖，开挖至 3.2 m 深，施工人员同时做好边坡修整及边坡锚喷支护施工。

5)第二步开挖结束，随后进行边坡支护，待锚喷混凝土达到允许强度后开始第三步开挖。第三步开挖至 4.8 m 深，随挖土随进行边坡修整及边坡支护施工。

6)第三步开挖结束，随后进行边坡支护，同时对指挥室部分进行第四步开挖。第四步开挖至 0.9 m 深。

7)待每次挖至距离槽底标高 20 cm 时，采用人工清挖至设计槽底标高。

8)待开挖至距离坑底 50 cm 以内时，测量人员抄出 50 cm 水平线，在槽帮上钉水平标高小木楔，在基坑内抄若干个基准点，拉通线找平。

9)马道设在基槽的西北方向，宽度为 4 m，坡度为 15°，马道收口时采用挖土机倒退挖除马道土体，剩余部分采用人工清理，支搭脚手架进行该处边坡支护施工。

10)因该工程基槽槽底标高不统一，每次挖至设计槽底标高时，及时通知业主和监理进行基槽钎探施工。

11)施工中对标准桩、观测点、管网加以保护，发现古墓文物及时申请有关部门处理。

12)土方开挖完毕，为防止雨水浸泡槽底，可建议沿基坑周边设置 40 cm 宽、40 cm 深排水盲沟，且在转角处设临时积水坑，每一坑内配备一台抽水泵，随时抽出坑内积水。

(3)确保工程质量的技术组织措施。建立以项目经理为负责人的质量保证体系。开工前组织全部进场人员学习施工方案，熟悉图纸及地质状况，对机械操作手进行技术交底，要求掌握施工的技术要点。每一道工序开工前，学习规范要求，精心施工。完工后，进行严格自检，不合格者坚决返工，按国际 ISO 9002 认证标准与要求进行全过程的质量管理。

(4)确保安全生产的技术组织措施。建立以项目经理为负责人的安全保证体系。开工前组织全体进场人员学习安全知识，进行安全交底，定期或不定期地进行安全检查，发现不安全因素立即整改，防患于未然，切实做好安全、文明施工。

1)根据现场情况，该基坑东北角处有下水管道，土方开挖前，应采用人工挖除该处土方，方可进行机械开挖。

2)在距基坑东、南、西、北边缘 0.6 m 外用 ϕ48 mm 钢管设置两道防护栏杆，立杆间距为 3 m，高出自然地坪 1.2 m，埋深 0.8 m。在距离基坑 0.5 m 处砌 120 砖墙 30 cm 高，其中 240 mm×240 mm 砖柱间距 3 m。基坑上口边缘 1 m 范围内不允许堆土、堆料和停放机具。在锚喷支护上口 5 m 范围内不允许重车停留。各施工人员不允许翻越防护栏杆。基坑施工期间设置警示牌，夜间加设红色灯标志。

3)基坑外施工人员不得向基坑内乱扔杂物，向基坑下传递工具时要接稳后再松手。

4)坑下人员休息要远离基坑边及放坡处，以防止不慎掉入。

5)机械施工时现场设专职指挥人员一名，施工机械一切服从指挥，人员尽量远离施工机械，如有必要，先通知操作人员，待回应后方可接近。

(5)确保文明施工的技术组织措施。公司已经制定了 CI(企业识别)战略，而且公司已经通过 ISO 24001：1996 环境管理体系和 OSHMS 28001：2001 职业安全健康体系认证，该工程在现场文明管理上自始至终都要严格要求，主要技术组织措施如下：

1)项目部全体人员佩带统一制作的胸卡。安全帽有企业的统一标志，正面贴司徽。

2)项目现场可根据业主的意见决定是否并排放置业主要求与公司质量方针标牌。

3)施工现场的料具堆放等需有一个合理的布局，而且要制定一个科学严密的现场管理制度。

4)施工现场合理布置机械设备，搭设临建设施，堆放材料、成品、半成品，埋设临时施工用水管线，架设动力及照明线路。

5)材料进场堆放：砖码垛、砂石等地材砌池堆放并加以覆盖，避免扬尘。半成品、成品材料分规格堆放整齐，并设置明显的标牌。废旧和多余的物资要及时回收。料具堆放整齐，不得挤占道路和作业区，保持道路畅通无阻。

6)严格按照施工程序组织施工，确保施工过程中统一调度、统一管理、统一指挥，平衡土方开挖与边坡支护和降水等工序的关系，保持良好的施工程序。

7)建筑物的轴线控制及高程控制点，要做出醒目的标志牌，任何人不得破坏。

8)每一分项工程完工后，要及时清理各种材料、工具等，将施工现场清理干净，并码放整齐，以备再使用。

9)施工现场设置沉淀池，保持施工现场的清洁，运输车辆不得带泥浆进出现场，土方外运时车辆必须进行覆盖，并做到沿途不遗撒。

10)施工现场严禁从高处向基坑内抛撒建筑垃圾，采取有效措施控制施工中的扬尘，袋装水泥必须覆盖，不得随意露天堆放，以免雨淋。

11)施工现场所有的工作人员应佩带证明其身份的证卡。

12)施工现场设专人供水和专用保温水桶，水桶加盖、加锁，防止污染。施工人员不准喝生水，严禁共用一个器皿喝水。

13)施工现场的主出入口处实行“三包”，随时清扫运土车及送料车辆掉在门口及街道上的杂物，保持门前及现场内的清洁，树立业主与本公司的良好形象。

14)经常对职工进行文明施工教育，遵守现场文明施工管理制度，提高自身的素质。

15)进一步抓好现场施工管理，提高施工现场标准化、科学化管理水平。施工现场施工道路坚实、平坦、整洁，在施工过程中保持畅通。工地内要设立“两栏一报”(宣传栏、读报栏、黑板报)。

16)建立健全现场施工管理人员岗位责任制，并悬挂在办公室的墙上，使管理人员能随时看到自己的责任，把现场管理工作抓好。

17)现场文明要高标准、严要求，达到“安全生产、文明施工、优秀工地”的标准。

(6)确保工期的技术组织措施。该工程处于地下施工，工序复杂，穿插作业较多，工期紧，且处于雨期施工，因此，开工时的施工组织部署及做好雨期施工技术措施很重要，合理做好施工前的机械、劳力安排，材料准备，保证开工时机械、劳力及材料充足。

1)进度安排及进度控制。该工程土方开挖共分 4 步进行，每步 3 d，边坡支护穿插进行施工，共计 12 d 完成土方开挖。

2)组织措施。

①公司成立工程现场指挥部，调度协调公司各部门，及时解决各项问题，优先保证本工程施工需要。

②项目部成立保证工期领导小组，负责工期目标实施。

组长：项目经理；

副组长：生产负责人、技术负责人；

成员：施工员、技术员、质量员、安全员、材料员、试验员。

③建立保证工期联席会议制度，由工程指挥部、工期领导小组和业主、监理等部门，定期召开保证工期会，对比工期目标，解决出现的各项问题，保证工期目标实施。

3)技术、设备、劳力保证措施。

①现场技术施工人员充分了解设计文件，与设计部门紧密联系，及时解决设计文件出现的各项技术问题，保证设计文件的正确和施工连续。

②现场成立技术攻关小组，及时解决工程施工中出现的技术难题。杜绝因采用技术措施不当，发生技术事故而影响工程工期。

③优化施工网络设计，合理划分工程施工段，流水施工。本工程合理划分流水段，编制施工进度计划，工期网络控制采取三级网络动态管理，严格按网络计划施工。

④安排强有力的施工劳力，保证施工连续进行。

⑤选择优良的施工机械，确保工程施工期间设备、机械完好，保证工期目标的实现。

4)资金、材料工期保证措施。

①本工程执行专款专用制度，以避免施工中因为资金问题而影响工程进展，充分保证劳动力的部署、机械的充足配备、材料的及时进场。随着工程各阶段关键日期完成，及时兑现各专业队伍的劳务费用，这样既能充分调动他们的积极性，也能使各劳务作业队为本工程积极安排高技能作业人员，同时为雨季配备充足的作业人员提供了保证。同时，专款专用制度也为项目部应付万一某一环节完不成关键日期而采取果断措施提供了保证。

②本工程主要材料由公司统一采购，零星材料及急用材料由现场采购，保证材料能够及时供应。进场后需复试检测的材料如钢材、水泥等必须提前到场，进行复试检测，避免因检测而耽误材料的使用。

5)外围环境工期保证措施。

①积极、定期地与当地环卫、市政、交通部门、水电供应部门、政府监管部门和其他有关单位交流看法，改正不足，保证工程顺利施工。

②做好外围环境的工作，取得周围办公人员的理解和支持。为保证工程的顺利进行，在施工期间，对处理周边关系及社会协调等诸方面将采取如下措施：

a. 施工期间的交通问题。我方将与当地公安、交警、环卫等有关部门取得联系，保证施工期间施工车辆行走路线，确保工程施工正常进行。

b. 协调解决外围环境问题。首先，从自身抓起。我们在施工期间将认真执行国家环保部门有关规定，尽量减少对周围环境的影响。然后，走访工地周围的单位及办公人员，协调好相互之间的关系，与他们达成谅解，公司在承建的同类工程的施工中，遇到过类似问题，但我们能较好地协调处理各方面的关系，顺利完成了工程建设任务，我们有决心、有信心、有能力协调好施工过程中的各种关系，以确保工程的顺利完成。

(7)减少噪声、降低环境污染技术措施。

1)进入施工现场的施工机械、设备要求噪声低、效率高、污染物排放低，达不到要求的机械设备禁止进入施工现场。

2)合理安排工期，尽量避免夜间施工，土方开挖时，如必须夜间施工，运土车辆在院内停放时必须熄火，降低施工噪声，减少环境污染。

3)土方外运时，土方车必须覆盖，防止撒落，随时清扫施工现场及运输道路，减少污染。

4)锚喷支护时，空压机必须噪声低，质量完好，安放在远离办公区的位置。

(8)地上、地下管线及道路和绿化带的保护措施。

1)根据现场情况，该工程仅基坑西北侧有污水管道。土方开挖前须人工挖除基坑西北侧污水管道处的土方，待管道明露后方可采用机械挖土，机械开挖时由专职指挥人员指挥挖掘机开挖土方，防止该处管线的损坏。

2)挖掘机进出场时必须用拖车拖至施工现场，履带式挖掘机严禁在院内混凝土路面上行走，以免破坏院内道路。

3)现场场地狭窄，树木及绿化较多，施工时应按平面图设计的道路通行，车辆不可穿越，损坏树木及绿化。材料及机械、工具按平面设计布置，严防对院内原有设施、绿化等的损坏。

3. 基坑边坡支护及降水方案(略)

4. 雨期施工措施(略)

思考与练习

1. 土由哪几部分组成？土中三相比例的变化对土的性质有什么影响？

2. 土中的水有哪几种？结合水与自由水的性质有什么不同？

3. 土的三相指标有哪些？哪些指标可直接测定？哪些指标可由换算得到？

4. 什么是土的颗粒级配？

5. 地基土可分为哪几类？分类的依据分别是什么？

6. 土方开挖施工方案由哪几个部分组成？它的编写要点包括哪几个方面？

7. 某原状土样，试验测得土的天然重度 $\gamma=18\ \text{kN/m}^3$，含水量 $w=26\%$，土粒比重 $G_s=2.72$。试计算该土的孔隙比 e、饱和度 S_r 及干重度 γ_d。

8. 从一原状土样中取出一试样，由试验测得其质量为 95.15 g，体积为 50 cm^3，天然含水率为 26.8%，相对密度为 2.67，试计算天然密度、孔隙比、孔隙率、饱和度和干密度。

素质拓展

我国拥有大好河山，物产丰富，地势西高东低，呈阶梯状分布，雄伟的高原、起伏的山岭、广阔的平原、低缓的丘陵，还有四周群山环抱、中间低平的大小盆地，这体现了事物发展变化的规律，我们应该从中理解世界是永恒发展的辩证唯物主义认识论，也应该更加热爱美丽的大自然、热爱美丽的祖国，透彻理解生态文明建设、可持续发展理念，树立专业自豪感和民族自豪感。

模块2　土中应力和地基变形的计算

2.1　土中应力和变形、土的自重应力和土中附加应力的概念

建筑物地基的稳定性和沉降(变形)与地基土中的应力密切相关。在建筑物荷载和土体自重作用下，地基中必将产生应力，从而使土颗粒互相挤压，最终引起地基沉降(变形)，地基在建筑物荷载作用下由于压缩而引起的竖向位移称为沉降(变形)。

土中应力是指土体在自身重力、建筑物和构筑物荷载，以及其他因素作用下，在土中产生的应力。如果土中应力过大，会使土体因强度不够而发生破坏，甚至使土体发生滑动而失去稳定。另外，土中应力的增加还能引起土体变形，使建筑物发生沉降、倾斜及水平位移。

土中应力按其产生的原因可分为土体的自重应力和土中附加应力，如图2-1所示。由于土受到自重作用而在地基土内产生的应力叫作自重应力，由于土受到建筑物荷载等外部作用，在地基土内产生的应力叫作附加应力。对于形成地质年代比较久远的土，由于在自重应力作用下，其变形已经稳定，因此土的自重应力不再引起地基的变形(新沉积土或近期人工充填土除外)，而附加应力由于是地基中新增加的应力，将引起地基的变形，所以，附加应力是引起地基变形和破坏的主要原因。

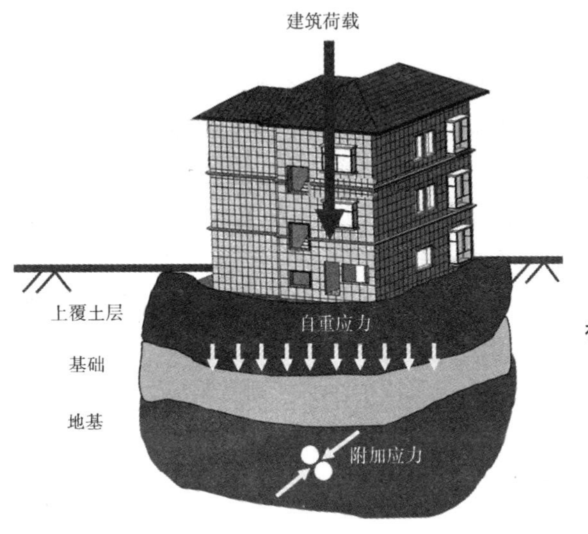

视频：土中自重应力、基底压力和土中附加应力三者概念

图2-1　土中应力

2.2 竖向自重应力的计算

计算土的自重应力时，假定地基土为均质、连续、各向同性的弹性半空间无限体①。在此条件下，受自身重力作用的地基土只能产生竖向变形，而不能产生侧向位移和剪切变形，因此，地基土中任意深度 z 处的竖向自重应力 σ_{cz} 等于单位面积上的土柱质量，如图 2-2 所示，即

$$\sigma_{cz} = \gamma \cdot z \tag{2-1}$$

式中 σ_{cz} ——土的竖向自重应力(kN/m^2)；

γ ——土的天然重度(kN/m^3)；

z——从天然地面算起的深度(m)。

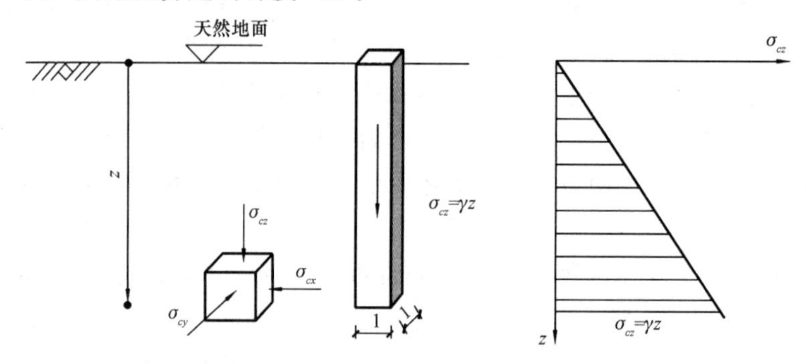

图 2-2 均质土中竖向自重应力

当深度 z 范围内由多层土组成时，$z = h_1 + h_2 + h_3 + \cdots + h_n$，则深度 z 处土的竖向自重应力 σ_{cz} 为各土层竖向自重应力之和，即

$$\sigma_{cz} = \gamma_1 h_1 + \gamma_2 h_2 + \gamma_3 h_3 + \cdots + \gamma_n h_n = \sum_{i=1}^{n} \gamma_i h_i \tag{2-2}$$

式中 n——从天然地面起到深度 z 处的土层数；

γ_i ——第 i 层土的重度，地下水水位以下用浮重度 γ_i' (kN/m^3)；

h_i——第 i 层土的厚度(m)。

由式(2-2)可知，土的竖向自重应力与土的天然重度及深度有关。竖向自重应力随深度增加而增大，其竖向自重应力分布曲线为折线形，如图 2-3 所示。

当土层中有不透水层时，在不透水层中不存在浮力作用，在计算其层面及层面以下部分自重应力时，应取上覆土及其上水的总重。

为方便起见，以下讨论中若无特别注明，则自重应力仅指竖向自重应力。

---

① 假定天然地面为无限大的水平面，面下为无限深的土体，即称为半空间无限体。

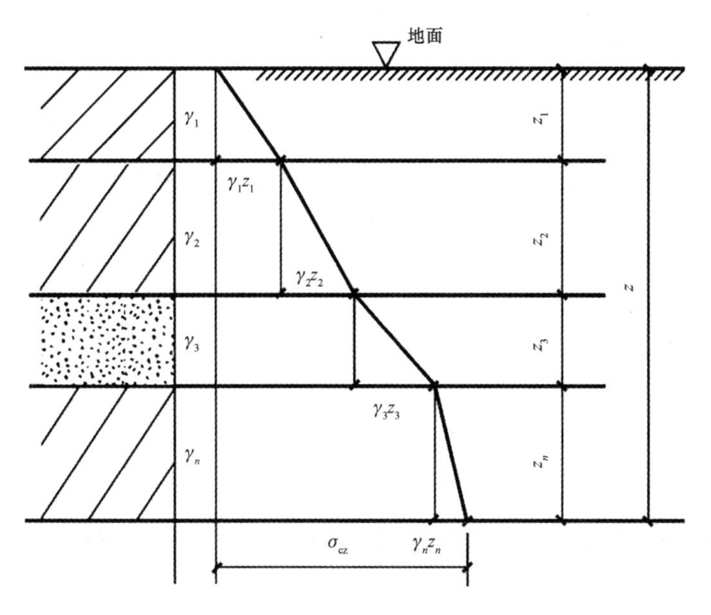

图 2-3　成层土竖向自重应力分布曲线

【例 2-1】 某地基土层剖面如图 2-4 所示，计算各层土的自重应力并绘制其自重应力分布曲线。

土层名称	土层柱状图	深度/m	土层厚度/m	土的重度/(kN·m^{-3})	地下水位	不透水层	土的自重应力曲线
填土		0.5	0.5	γ_1=15.7			7.85 kPa
粉质黏土		1.0	0.5	γ_2=17.8	▽		16.75 kPa
粉质黏土		4.0	3.0	γ_{sat}=18.1			41.65 kPa
淤泥		11.0	7.0	γ_{sat}=16.7			187.95 kPa
坚硬黏土		15.0	4.0	γ_3=19.6			89.95 kPa 266.35 kPa

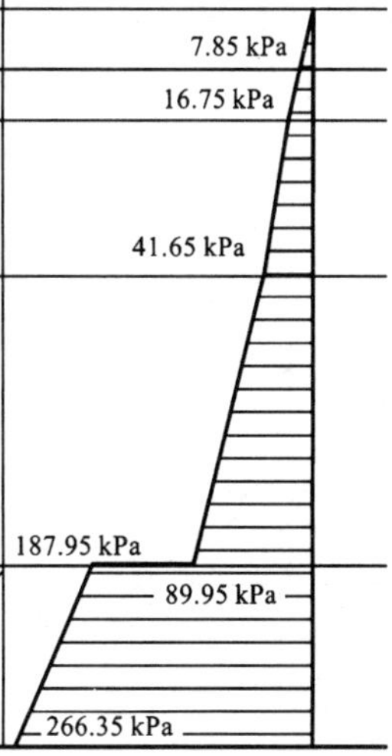

图 2-4　【例 2-1】图

【解】 填土层底　$\sigma_{cz}=15.7\times0.5=7.85(\text{kN/m}^2)$

地下水水位处　$\sigma_{cz}=7.85+17.8\times0.5=16.75(\text{kN/m}^2)$

粉质黏土层底　$\sigma_{cz}=16.75+(18.1-9.8)\times3=41.65(\text{kN/m}^2)$

淤泥层底　$\sigma_{cz}=41.65+(16.7-9.8)\times7=89.95(\text{kN/m}^2)$

不透水层层面　$\sigma_{cz}=89.95+(3+7)\times9.8=187.95(\text{kN/m}^2)$

钻孔底　$\sigma_{cz}=187.95+19.6\times4=266.35(\text{kN/m}^2)$

土的自重应力曲线如图 2-4 所示，该曲线在不透水层处有一个突变。

$\gamma'=\gamma_{sat}-\gamma_w$，$\gamma_w$ 可取 9.8 kN/m^3 或 10 kN/m^3。

本例题中的坚硬黏土层可认为是不透水层。因不透水层中不存在水的浮力作用，故不透水层层面处成为土自重应力沿深度分布的一个临界面，此处土的自重应力等于全部上覆土和水的总压力，自重应力分布曲线在此有一个突变。

2.3　基底压力、基底附加压力和土中附加应力的计算

2.3.1　基底压力的计算

建筑物荷载是通过基础传递给地基的，基底压力就是基础底面与地基接触面积上的压应力，简称基底压力，如图 2-5 所示。基底压力又称为接触压力，它是建筑物的荷载通过基础传递给地基的压力，也是地基作用于基础底面的反力，它包括上部建筑荷载、基础自重及土的自重。

1. 中心荷载作用下基底压力的计算

作用在基础上的荷载，其合力通过基底形心时为轴心受压，基底压力均匀分布，如图 2-6 所示，则基底压力为

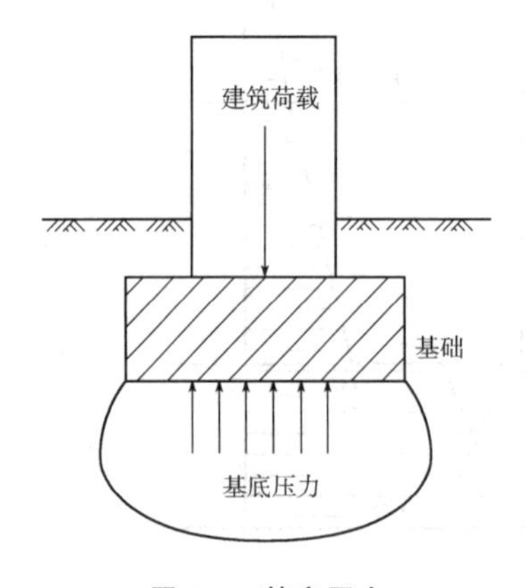

图 2-5　基底压力

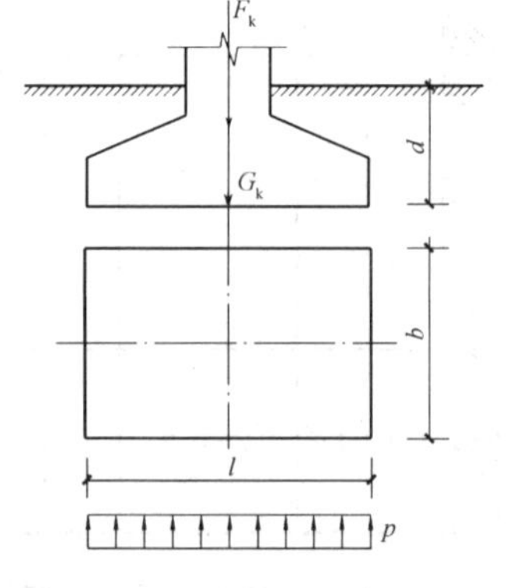

图 2-6　中心受压基底压力分布

视频：基底压力、基底附加应力和土中附加应力的计算

$$p_k = \frac{F_k + G_k}{A} \tag{2-3}$$

式中 p_k ——基底压力(kN/m^2)；

F_k——相应于荷载效应标准组合时，上部结构传至基础顶面的竖向力值(kN)；

G_k——基础和基础上覆土重(kN)，对于一般基础，可近似取 $G_k = \gamma_G Ad$ ；

γ_G ——基础及其上覆土的平均重度，一般取20 kN/m^3，地下水水位以下取有效重度；

d——基础埋置深度(m)，当室内外标高不同时，取平均深度计算；

A——基础底面积(m^2)，矩形 $A = lb$ ，l、b 分别为基础底面的长度和宽度(m)。

若基础长宽比大于或等于 10，这种基础称为条形基础，此时可沿基础长度方向取 1 m 来进行计算。

2. 单向偏心荷载作用下基底压力的计算

在基底的一个主轴平面内有偏心力或轴心力与弯矩同时作用时，基础偏心受压，基底压力呈梯形或三角形分布，如图 2-7 所示。基底两端的压力按下式计算，即

$$p_{k\min}^{k\max} = \frac{F_k + G_k}{A} \pm \frac{M_k}{W} \tag{2-4}$$

对矩形基础底面，取

$$M_k = (F_k + G_k)e$$

$$W = \frac{bl^2}{6}$$

则
$$p_{k\min}^{k\max} = \frac{F_k + G_k}{A}\left(1 \pm \frac{6e}{l}\right) \tag{2-5}$$

式中 $p_{k\max}$、$p_{k\min}$——相应于荷载效应标准组合时，基础底面边缘的最大、最小压力值(kN/m^2)；

M_k ——相应于荷载效应标准组合时，作用于基础底面的力矩值(kN · m)；

e ——偏心距(m)，$e = \dfrac{M_k}{F_k + G_k}$ ；

W ——基础底面的抵抗矩(m^3)；

b、l——分别表示基础的宽度和长度(m)。

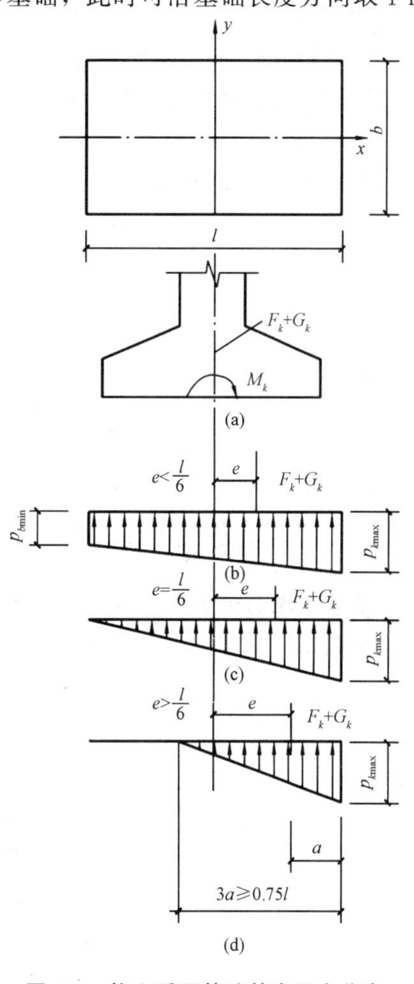

图 2-7 偏心受压基础基底压力分布

由式(2-5)可见：

当 $\left(1 \pm \frac{6e}{l}\right) > 0$，即 $e < \frac{l}{6}$ 时，$p_{k\min} > 0$，基底压力呈梯形分布[图 2-7(b)]；

当 $\left(1 \pm \frac{6e}{l}\right) = 0$，即 $e = \frac{l}{6}$ 时，$p_{k\min} = 0$，基底压力呈现三角形分布[图 2-7(c)]；

当 $\left(1 \pm \frac{6e}{l}\right) < 0$，即 $e > \frac{l}{6}$ 时，$p_{k\min} < 0$，表示部分基底出现拉应力。由于基底与地基

之间不可能产生拉力，故部分基底脱离地基，将导致基底面积减小，基底压力重新分布，如图 2-7(d)所示。根据偏心力与基底压力的合力相平衡的条件，可求得基底边缘最大压力。

$$F_k + G_k = \frac{1}{2} \cdot 3a \cdot b \cdot p_{k\max}$$

则

$$p_{k\max} = \frac{2(F_k + G_k)}{3ab} \tag{2-6}$$

式中　a ——偏心荷载作用点至基底最大压力边缘的距离(m)，$a = \frac{l}{2} - e$ 。

【例 2-2】 某基础底面尺寸 $l = 3$ m，$b = 2$ m，基础顶面作用轴心力 $F_k = 450$ kN，弯矩 $M_k = 150$ kN·m，基础埋深 $d = 1.2$ m，试计算基底压力并绘制出分布图。

【解】 基础自重及基础上覆填土重：

$G_k = \gamma_G A d = 20 \times 3 \times 2 \times 1.2 = 144(\text{kN})$

如采用式(2-4)解答：

$$p_{\substack{k\max \\ k\min}} = \frac{F_k + G_k}{A} \pm \frac{M_k}{W} = \frac{450 + 144}{2 \times 3} \pm \frac{150}{\frac{bl^2}{6}} = 99 \pm 50 = \frac{149}{49}(\text{kPa})$$

如采用式(2-5)解答：

偏心距

$$e = \frac{M_k}{F_k + G_k} = \frac{150}{450 + 144} = 0.253(\text{m})$$

基底压力

$$p_{\substack{\max \\ \min}} = \frac{F_k + G_k}{A}\left(1 \pm \frac{6e}{l}\right) = \frac{450 + 144}{2 \times 3} \times \left(1 \pm \frac{6 \times 0.506}{3}\right) = \frac{149.1}{48.9}(\text{kPa})$$

结果发现两者答案基本一样，所以解答时采用以上两种方法都可以。

基底压力分布如图 2-8 所示。

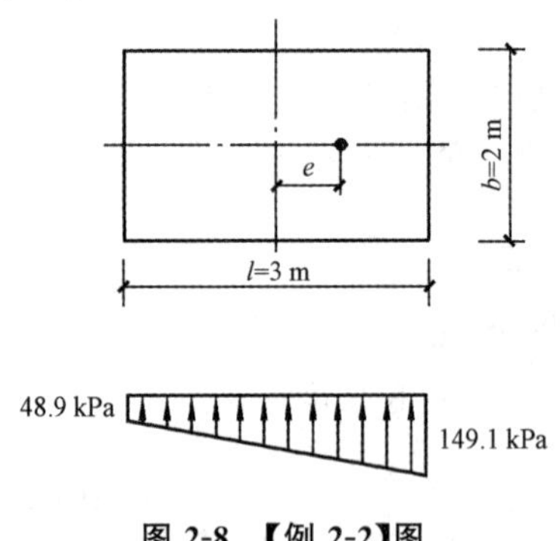

图 2-8　【例 2-2】图

2.3.2　基底附加压力的计算

在基坑开挖前，基础的基底处已存在土的自重应力。基础一般埋置在天然地面以下一定深度处，该处原有的自重应力由于开挖基坑而卸除，因此，由建筑物建造后的基底压力应扣除基底标高处原有的自重应力，才是基底处新增加给地基的附加压力，即

$$p_0 = p_k - \sigma_{cz} = p_k - \gamma_m d \tag{2-7}$$

式中 p_0——基底附加压力(kN/m²)；

p_k——基底压力(kN/m²)；

σ_{cz}——基底处土的自重应力(kN/m²)；

γ_m——基础底面标高以上天然土层的加权平均重度(kN/m³)，即 $\gamma_m = (\gamma_1 h_1 + \gamma_2 h_2 + \cdots + \gamma_n h_n)/(h_1 + h_2 + \cdots + h_n)$；

d——基础埋深，一般从天然地面算起，对于新近填土场地，则应从老天然地面算起(m)。

2.3.3 土中附加应力的计算

土中附加应力是由建筑物荷载在地基内引起的应力(不包括土的自重)，且由于竖向法向正应力 σ_z 对地基沉降计算意义最大，因此本节主要考虑 σ_z 的计算，如图 2-9(a)所示，附加应力通过土粒之间的传递，向水平方向和深度方向扩散，并逐渐减小。图 2-9(b)中左半部分表示不同深度处同一水平面上各点附加应力的大小，右半部分表示集中力下沿垂线方向不同深度处附加应力的大小。

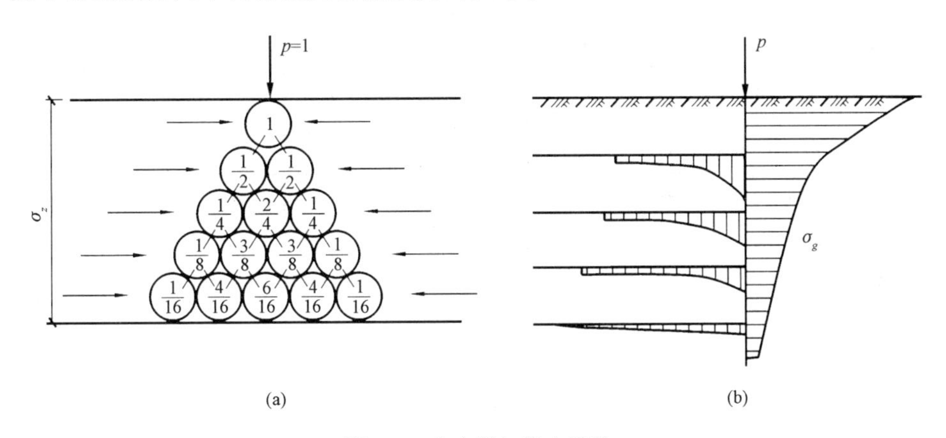

图 2-9 土中附加应力扩散

(a)附加应力扩散示意；(b)附加应力分布

1. 矩形面积上均布荷载作用下地基中的附加应力

矩形基础底面在建筑工程中较为常见，在中心荷载作用下，基底压力按均布荷载考虑。矩形面积受均布荷载作用时，土中附加应力按下列两种情况计算：

(1)矩形面积上均布荷载角点下任意深度的附加应力。如图 2-10 所示，设矩形基础的长边为 l，短边为 b，矩形基础传递给地基的均布矩形荷载为 P_0，则基础角点下任意深度 z 处的附加应力为

$$\sigma_z = \alpha_c P_0 \tag{2-8}$$

$$\alpha_c = \frac{1}{2\pi}\left[\frac{mn(m^2+2n^2+1)}{(m^2+n^2)(1+n^2)\sqrt{m^2+n^2+1}} + \arctan\frac{m}{n\sqrt{m^2+n^2+1}}\right] \tag{2-9}$$

$$m = \frac{l}{b}$$

$$n = \frac{z}{b}$$

式中　α_c——矩形均布荷载作用下角点附加应力系数，可按式(2-9)计算或查表 2-1 求得。

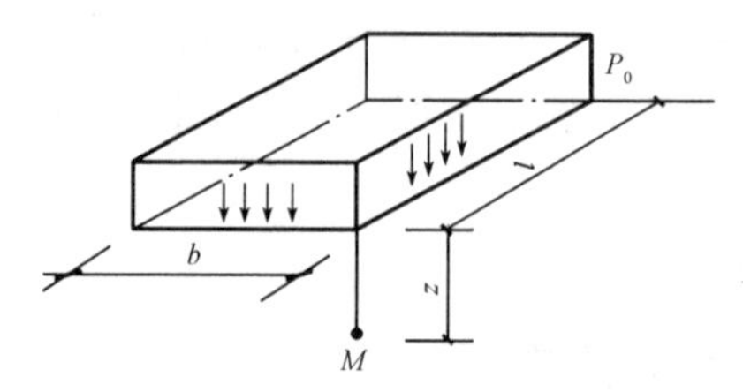

2-10　矩形均布荷载角点下的应力计算

表 2-1　矩形均布荷载作用下角点附加应力系数 α_c

$m=l/b$ $n=z/b$	1.0	1.2	1.4	1.6	1.8	2.0	3.0	4.0	5.0	6.0	10.0
0.0	0.250 0	0.250 0	0.250 0	0.250 0	0.250 0	0.250 0	0.250 0	0.250 0	0.250 0	0.250 0	0.250 0
0.2	0.248 6	0.248 9	0.249 0	0.249 1	0.249 1	0.249 1	0.249 2	0.249 2	0.249 2	0.249 2	0.249 2
0.4	0.240 1	0.242 0	0.242 9	0.243 4	0.243 7	0.243 9	0.244 2	0.244 3	0.244 3	0.244 3	0.244 3
0.6	0.222 9	0.227 5	0.230 0	0.231 5	0.232 4	0.232 9	0.233 9	0.234 1	0.234 2	0.234 2	0.234 2
0.8	0.199 9	0.207 5	0.212 0	0.214 7	0.216 5	0.217 6	0.219 6	0.220 0	0.220 2	0.220 2	0.220 2
1.0	0.175 2	0.185 1	0.191 1	0.195 5	0.198 1	0.199 9	0.203 4	0.204 2	0.204 4	0.204 5	0.204 6
1.2	0.151 6	0.162 6	0.170 5	0.175 8	0.179 3	0.181 8	0.187 0	0.188 2	0.188 5	0.188 7	0.188 8
1.4	0.130 8	0.142 3	0.150 8	0.156 9	0.161 3	0.164 4	0.171 2	0.173 0	0.173 5	0.173 8	0.174 0
1.6	0.112 3	0.124 1	0.132 9	0.143 6	0.144 5	0.148 2	0.156 7	0.159 0	0.159 8	0.160 1	0.160 4
1.8	0.096 9	0.108 3	0.117 2	0.124 1	0.129 4	0.133 4	0.143 4	0.146 3	0.147 4	0.147 8	0.148 2
2.0	0.084 0	0.094 7	0.103 4	0.110 3	0.115 8	0.120 2	0.131 4	0.135 0	0.136 3	0.136 8	0.137 4
2.2	0.073 2	0.083 2	0.091 7	0.098 4	0.103 9	0.108 4	0.120 5	0.124 8	0.126 4	0.127 1	0.127 7
2.4	0.064 2	0.073 4	0.081 2	0.087 9	0.093 4	0.097 9	0.110 8	0.115 6	0.117 5	0.118 4	0.119 2
2.6	0.056 6	0.065 1	0.072 5	0.078 8	0.084 2	0.088 7	0.102 0	0.107 3	0.109 5	0.110 6	0.111 6
2.8	0.050 2	0.058 0	0.064 9	0.070 9	0.076 1	0.080 5	0.094 2	0.099 9	0.102 4	0.103 6	0.104 8
3.0	0.044 7	0.051 9	0.058 3	0.064 0	0.069 0	0.073 2	0.087 0	0.093 1	0.095 9	0.097 3	0.098 7

续表

$m=l/b$ \ $n=z/b$	1.0	1.2	1.4	1.6	1.8	2.0	3.0	4.0	5.0	6.0	10.0
3.2	0.040 1	0.046 7	0.052 6	0.058 0	0.062 7	0.066 8	0.080 6	0.087 0	0.090 0	0.091 6	0.093 3
3.4	0.036 1	0.042 1	0.047 7	0.052 7	0.057 1	0.061 1	0.074 7	0.081 4	0.084 7	0.086 4	0.088 2
3.6	0.032 6	0.038 2	0.043 3	0.048 0	0.052 3	0.056 1	0.069 4	0.076 3	0.079 9	0.081 6	0.083 7
3.8	0.029 6	0.034 8	0.039 5	0.043 9	0.047 9	0.051 6	0.064 5	0.071 7	0.075 3	0.077 3	0.079 6
4.0	0.027 0	0.031 8	0.056 2	0.040 3	0.044 1	0.047 4	0.060 3	0.067 4	0.071 2	0.073 3	0.075 8
4.2	0.024 7	0.029 1	0.033 3	0.037 1	0.040 7	0.043 9	0.056 3	0.063 4	0.067 4	0.069 6	0.072 4
4.4	0.022 7	0.026 8	0.030 6	0.034 3	0.037 6	0.040 7	0.052 7	0.059 7	0.063 9	0.066 2	0.069 2
4.6	0.020 9	0.024 7	0.028 3	0.030 7	0.034 8	0.037 8	0.049 3	0.056 4	0.060 6	0.063 0	0.066 3
4.8	0.019 3	0.022 9	0.026 2	0.029 4	0.032 4	0.035 2	0.046 3	0.053 3	0.057 6	0.060 1	0.063 5
5.0	0.017 9	0.021 2	0.024 3	0.027 4	0.030 2	0.032 8	0.043 5	0.050 4	0.054 7	0.057 3	0.061 0
6.0	0.012 7	0.015 1	0.017 4	0.019 6	0.021 8	0.023 8	0.032 5	0.038 8	0.043 1	0.046 0	0.050 6
7.0	0.009 4	0.011 2	0.013 0	0.014 7	0.016 4	0.018 0	0.025 1	0.030 6	0.034 6	0.037 6	0.042 8
8.0	0.007 3	0.008 7	0.010 1	0.011 4	0.012 7	0.014 0	0.019 8	0.024 6	0.028 3	0.031 1	0.036 7
9.0	0.005 8	0.006 9	0.008 0	0.009 1	0.010 2	0.011 2	0.016 1	0.020 2	0.023 5	0.026 2	0.031 9
10.0	0.004 7	0.005 6	0.006 5	0.007 4	0.008 3	0.009 2	0.013 2	0.016 7	0.019 8	0.022 2	0.028 0

(2)矩形面积上均布荷载非角点下任意深度的附加应力。如图 2-11 所示，计算矩形均布荷载非角点 o 点下任意深度的附加应力时，可通过 o 点将荷载面积划分为几块小矩形面积，使每块小矩形面积都包含角点 o 点，分别求角点 o 点下同一深度的应力，然后叠加求得，这种方法称为角点法。

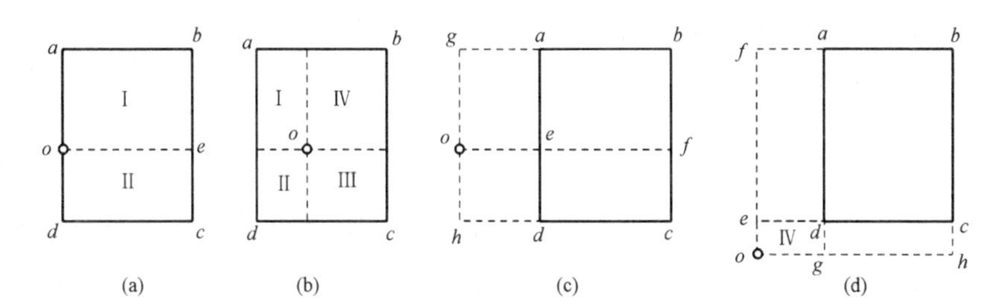

图 2-11　用角点法计算矩形均布荷载下的地基附加应力

图 2-11(a)所示为 2 个矩形面积角点应力之和：

$$\sigma_z = (\alpha_{c\,\mathrm{I}} + \alpha_{c\,\mathrm{II}})P_0$$

图 2-11(b)所示为 4 个矩形面积角点应力之和：

$$\sigma_z = (\alpha_{c\mathrm{I}} + \alpha_{c\mathrm{II}} + \alpha_{c\mathrm{III}} + \alpha_{c\mathrm{IV}})P_0$$

当 4 个矩形面积相同时，$\sigma_z = 4\alpha_c P_0$ 。

图 2-11(c)所求的 o 点在荷载面积 $abcd$ 之外，其角点应力为 4 个矩形面积的代数和：

$$\sigma_z = [\alpha_{c(ogbf)} + \alpha_{c(ofch)} - \alpha_{c(ogae)} - \alpha_{c(oedh)}]P_0$$

图 2-11(d)所求的 o 点在荷载面积 $abcd$ 之外，其角点应力也为 4 个矩形面积的代数和：

$$\sigma_z = [\alpha_{c(ofbh)} - \alpha_{c(ofag)} - \alpha_{c(oech)} + \alpha_{c(oedg)}]P_0$$

【例 2-3】 已知某矩形面积地基，长边 $l=2$ m，短边 $b=1$ m，其上作用有均布荷载 $P_0=100$ kPa，如图 2-12 所示。试计算此矩形面积的角点 A、边点 E、中心点 O，以及矩形面积外 F 点和 G 点下深度 $z=1$ m 处的附加应力，并利用计算结果说明附加应力的扩散规律。

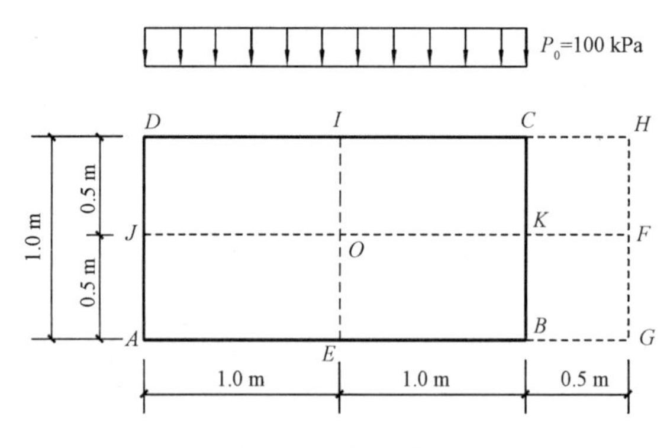

图 2-12 【例 2-3】图

【解】 (1)计算角点 A 下的附加应力 σ_{zA} 。因 $\frac{l}{b}=\frac{2}{1}=2.0$ ，$\frac{z}{b}=\frac{1}{1}=1.0$ ，由表 2-1 查得附加应力系数 $\alpha_c=0.1999$，则 A 下的附加应力

$$\sigma_{zA} = \alpha_c P_0 = 0.1999 \times 100 \approx 20\ (\mathrm{kPa})$$

(2)计算边点 E 下的附加应力 σ_{zE}。作辅助线 IE，将矩形荷载面积 $ABCD$ 划分为 2 个相等的小矩形 $EADI$ 和 $EBCI$。任一小矩形中，$m=1$，$n=1$，由表 2-1 查得 $\alpha_c=0.1752$,则 E 下的附加应力

$$\sigma_{zE} = 2\alpha_c P_0 = 2 \times 0.1752 \times 100 \approx 35\ (\mathrm{kPa})$$

(3)计算中心点 O 下的附加应力 σ_{zO} 。作辅助线 $\overline{JOK}$ 和 $\overline{IOE}$，将矩形荷载面积 $ABCD$ 划分为 4 个相等小矩形 $OEAJ$、$OJDI$、$OICK$ 和 $OKBE$。任一小矩形 $\frac{l}{b}=\frac{1}{0.5}=2.0$ ，$\frac{z}{b}=\frac{1}{0.5}=2.0$ ，由表 2-1 查得 $\alpha_c=0.1202$，则 O 点下的附加应力

$$\sigma_{zO} = 4\alpha_c P_0 = 4 \times 0.1202 \times 100 \approx 48.1\ (\mathrm{kPa})$$

(4)计算矩形面积外 F 点下的附加应力 σ_{zF} 。作辅助线 $\overline{JKF}$ 和 $\overline{HFG}$、CH、BG，将

原矩形荷载面积划分为 2 个长矩形 $FGAJ$、$FJDH$ 和 2 个小矩形 $FGBK$、$FKCH$。在长矩形 $FGAJ$ 中，$\frac{l}{b}=\frac{2.5}{0.5}=5.0$，$\frac{z}{b}=\frac{1}{0.5}=2.0$，由表 2-1 查得 $\alpha_{c\,\mathrm{I}}=0.1363$。在小矩形 $FGBK$ 中，$\frac{l}{b}=\frac{0.5}{0.5}=1.0$，$\frac{z}{b}=\frac{1}{0.5}=2.0$，由表 2-1 查得 $\alpha_{c\,\mathrm{II}}=0.0840$。则 F 点下的附加应力

$$\sigma_{zF}=2(\alpha_{c\,\mathrm{I}}-\alpha_{c\,\mathrm{II}})P_0=2\times(0.1363-0.0840)\times 100\approx 10.5\,(\mathrm{kPa})$$

(5)计算矩形面积外 G 点下的附加应力 σ_{zG}。作辅助线 BG、HG、CH，将原矩形荷载面积划分为 1 个大矩形 $GADH$ 和 1 个小矩形 $GBCH$。在大矩形 $GADH$ 中，$\frac{l}{b}=\frac{2.5}{1}=2.5$，$\frac{z}{b}=\frac{1}{1}=1.0$，则 $\alpha_{c\,\mathrm{I}}=0.2016$。在小矩形 $GBCH$ 中，$\frac{l}{b}=\frac{1}{0.5}=2.0$，$\frac{z}{b}=\frac{1}{0.5}=2.0$，由表 2-1 查得 $\alpha_{c\,\mathrm{II}}=0.1202$。则 G 点下的附加应力

$$\sigma_{zG}=(\alpha_{c\,\mathrm{I}}-\alpha_{c\,\mathrm{II}})P_0=(0.2016-0.1202)\times 100\approx 8.1\,(\mathrm{kPa})$$

【例 2-4】 已知某筏形地基，长边 $l=10$ m，短边 $b=2$ m，上部建筑为 4 层，每层建筑总荷载 F_k 为 700 kN，G_k 为基础自重和基础上覆土的自重，具体如图 2-13 所示，试计算此矩形基础的角点 A、中心点 B 以下深度 $z=2$ m 处的附加应力。

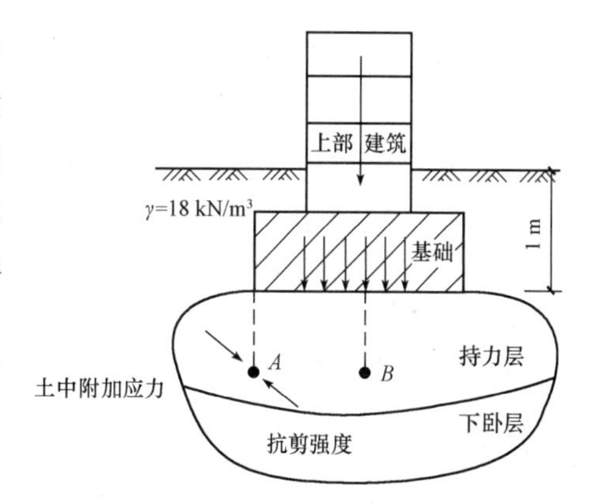

图 2-13 【例 2-4】图

【解】 (1)计算角点 A 下深度 $z=2$ m 处的附加应力 σ_{zA}。因 $\frac{l}{b}=\frac{10}{2}=5.0$，$\frac{z}{b}=\frac{2}{2}=1.0$，由表 2-1查得附加应力系数 $\alpha_c=0.2044$。

$G_k=\gamma_G\times d\times A=20\times1\times10\times2=400(\mathrm{kN})$

外荷载在基础产生的基底附加压力为

$$p_k=\frac{F_k+G_k}{l\times b}=\frac{700\times4+400}{10\times2}=160(\mathrm{kPa})$$

且 $P_0=160-1\times18=142(\mathrm{kPa})$。

则 A 下的附加应力为

$$\sigma_{zA}=\alpha_c P_0=0.2044\times142\approx 29.02\,(\mathrm{kPa})$$

(2)计算中心点 B 下深度 $z=2$ m 处的附加应力 σ_{zB}。将矩形荷载面积划分为 4 个相等小矩形。任一小矩形 $\frac{l}{b}=\frac{5}{1}=5.0$，$\frac{z}{b}=\frac{2}{1}=2.0$，由表 2-1查得 $\alpha_c=0.1363$，则 B 点下的附加应力为

$$\sigma_{zB}=4\alpha_c P_0=4\times0.1363\times142\approx 77.42\,(\mathrm{kPa})$$

2. 矩形面积上三角形分布荷载作用下地基中的附加应力(略)

2.4 土的压缩性和土的压缩性指标

土在压力作用下体积缩小的特性称为土的压缩性。试验研究表明，在一般建筑物荷载作用下，土粒及空隙中水与空气本身的压缩很小，可以略去不计。土的压缩主要是由于孔隙中水与气体被挤出，致使土的孔隙体积减小而引起的。土的压缩性的高低，常用压缩性指标来表示，土的压缩性指标有压缩系数、压缩指数、压缩模量、变形模量。这些指标可通过室内压缩试验或现场载荷试验等方法测得。

在荷载作用下，透水性大的饱和无黏性土，其压缩过程在短时间内就可以结束。相反，黏性土的透水性低，饱和黏性土中的水分只能慢慢排出，因此，其压缩过程所需的时间要比砂土长得多。土在压力作用下，其压缩性随时间的增长而增长的过程，称为土的固结。

2.4.1 压缩试验和压缩曲线

土的室内压缩试验是用侧限压缩仪(又称固结仪)来进行的，也称为土的侧限压缩试验或固结试验(此处不作介绍)。土样在天然状态下或经人工达到饱和后，进行逐级加压固结，以便测定各级压力 p_i 作用下，土样压缩稳定后的孔隙比 e_i，进而得到表示土的孔隙比 e 与压力 p 的压缩关系曲线。

土的压缩曲线可按两种方式绘制：一种是采用普通直角坐标绘制的 e-p 曲线；另一种是采用半对数直角坐标纸绘制的 e-lg$p$ 曲线，如图 2-14 所示。压缩性不同的土，其压缩曲线的形状也不同。曲线越陡，说明随着压力的增加，土孔隙比的减小越显著，因而土的压缩性越高。

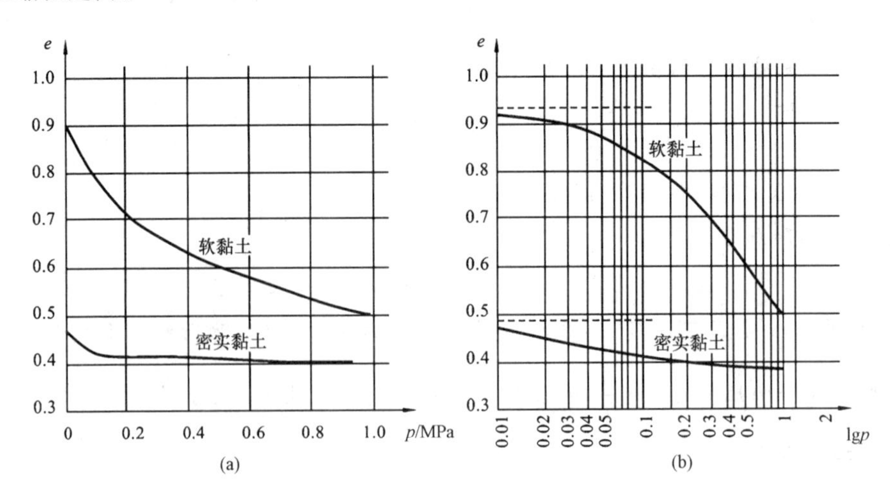

图 2-14 土的压缩曲线

(a) e-p 曲线；(b) e-lg$p$ 曲线

2.4.2 压缩性指标

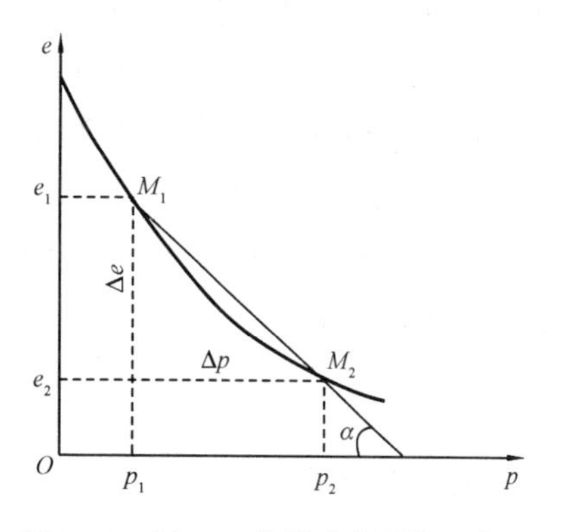

图 2-15 以 *e*-*p* 曲线确定压缩系数

e-*p* 曲线在压力 p_1 、p_2 变化(压力增量 $\Delta p = p_2 - p_1$)不大的情况下，其对应的曲线段可近似看作直线，这段直线(图 2-15)的斜率(曲线上任意两点割线的斜率)称为土的压缩系数 a，即

$$a = \tan\alpha = \frac{\Delta e}{\Delta p} = -\frac{e_1 - e_2}{p_1 - p_2} = \frac{e_2 - e_1}{p_2 - p_1} \tag{2-10}$$

压缩系数是评价地基土压缩性高低的重要指标之一。从曲线上看，它不是一个常量，而与所取的 p_1 、p_2 大小有关。在工程实践中，通常以自重应力作为 p_1 ，以自重应力和附加压力之和作为 p_2 。《建筑地基基础设计规范》(GB 50007—2011)规定：地基土的压缩性可按 $p_1 = 100$ kPa 和 $p_2 = 200$ kPa 时相对应的压缩系数值 a_{1-2} 划分为低、中、高压缩性，并应按下列规定进行评价：

(1)当 $a_{1-2} < 0.1$ MPa^{-1}时，为低压缩性土；

(2)当 0.1 MPa$^{-1} \leqslant a_{1-2} < 0.5$ MPa^{-1}时，为中压缩性土；

(3)当 $a_{1-2} \geqslant 0.5$ MPa^{-1}时，为高压缩性土。

除压缩系数外，还可以采用压缩指数、压缩模量和变形模量等系数来衡量土的压缩性。

2.5 地基最终沉降量计算

地基土层在建筑物荷载作用下，不断产生压缩(变形)，直至压缩稳定后地基表面的沉降量称为地基的最终沉降量。

计算地基最终沉降量的方法有很多，本节主要介绍分层总和法。

2.5.1 分层总和法

分层总和法是在地基可能产生压缩的土层深度内，按土的特性和应力状态将地基划分为若干层，然后分别计算出每一分层的压缩量 s_i ，最后将各分层的压缩量叠加起来，即得地基表面的最终沉降量 s。

1. 基本假定

(1)假定地基每一分层均质，且应力沿厚度均匀分布。

(2)在建筑物荷载作用下，地基土层只产生竖向压缩变形，不发生侧向膨胀变形。

因此，在计算地基的沉降量时，可采用室内侧限条件下测定的压缩性指标。

(3)采用基底中心点下的附加应力计算地基变形量，且地基任意深度处的附加应力等于基底中心点下该深度处的附加应力值。

(4)地基变形发生在有限深度范围内。

(5)地基最终沉降量等于各分层沉降量之和。

2. 沉降量的计算

分层总和法计算地基沉降如图 2-16 所示。根据假设条件，由相关公式可推导出地基各分层沉降量为

$$s_i = \frac{e_{1i} - e_{2i}}{1 + e_{1i}} h_i = \frac{a_i (p_{2i} - p_{1i})}{1 + e_{1i}} h_i = \frac{a_i \Delta p_i}{1 + e_{1i}} h_i = \frac{a_i \overline{\sigma_{zi}}}{1 + e_{1i}} = \frac{\overline{\sigma_{zi}}}{E_i} h_i \tag{2-11}$$

最终沉降量

$$s = \sum_{i=1}^{n} s_i = \sum_{i=1}^{n} \frac{e_{1i} - e_{2i}}{1 + e_{1i}} h_i = \sum_{i=1}^{n} \frac{a_i \overline{\sigma_{zi}}}{1 + e_{1i}} h_i = \sum_{i=1}^{n} \frac{\overline{\sigma_{zi}}}{E_i} h_i \tag{2-12}$$

式中 s_i ——第 i 分层土的压缩量；

s ——地基的最终沉降量；

e_{1i} ——第 i 分层土的平均自重应力 p_{1i} 所对应的孔隙比，$p_{1i} = \frac{\sigma_{c(i-1)} + \sigma_{ci}}{2}$；

e_{2i} ——第 i 分层土的平均自重应力与平均附加应力之和 p_{2i} 所对应的孔隙比，$p_{2i} = p_{1i} + \Delta p_i$；

$\overline{\sigma_{zi}}$ ——第 i 分层土的附加应力平均值，$\overline{\sigma_{zi}} = \Delta p_i = \frac{\sigma_{z(i-1)} + \sigma_{zi}}{2}$。

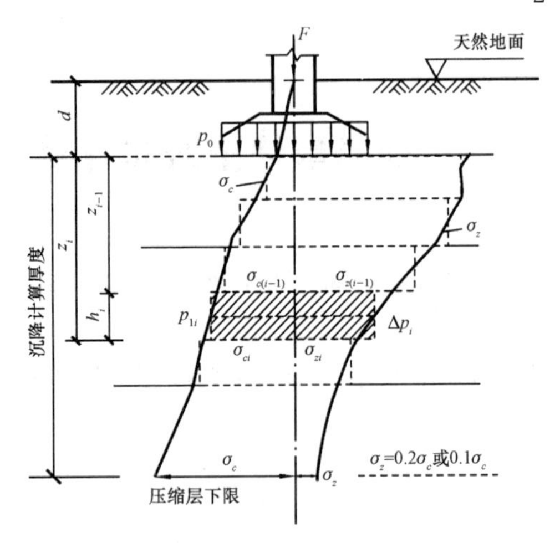

图 2-16 分层总和法计算地基沉降量示意

沉降计算深度，理论上应计算至无限深，工程上因附加应力随扩散深度而减小，计算至某一深度(即受压层)即可。一般情况下，沉降计算深度取地基附加应力等于自重应力的 20% ($\sigma_z = 0.2\sigma_c$) 处；在该深度以下如有高压缩性土，则应计算至 $\sigma_z = 0.1\sigma_c$ 处或高压缩性土层底部。

地基分层厚度按下列原则确定：

(1)天然土层的分界面及地下水水面为特定的分层面；

(2)同一类土层中分层厚度应小于基础宽度的 0.4 倍($h_i \leqslant 0.4b$)或取 1～2 m，以免因附加应力 σ_z 沿深度的非线性变化而产生较大误差。

【例 2-5】 有一矩形基础放置在均质黏土层上，如图 2-17(a)所示。基础长度 L=10 m，宽度 B=5 m，埋置深度 d=1.5 m，其上作用着中心荷载 P_k=10 000 kN。地基土的重度为 20 kN/m³，饱和重度为 21 kN/m³，土的压缩曲线如图 2-17(b)所示。若地下水位距基底 2.5 m，试计算基础中心点的沉降量。

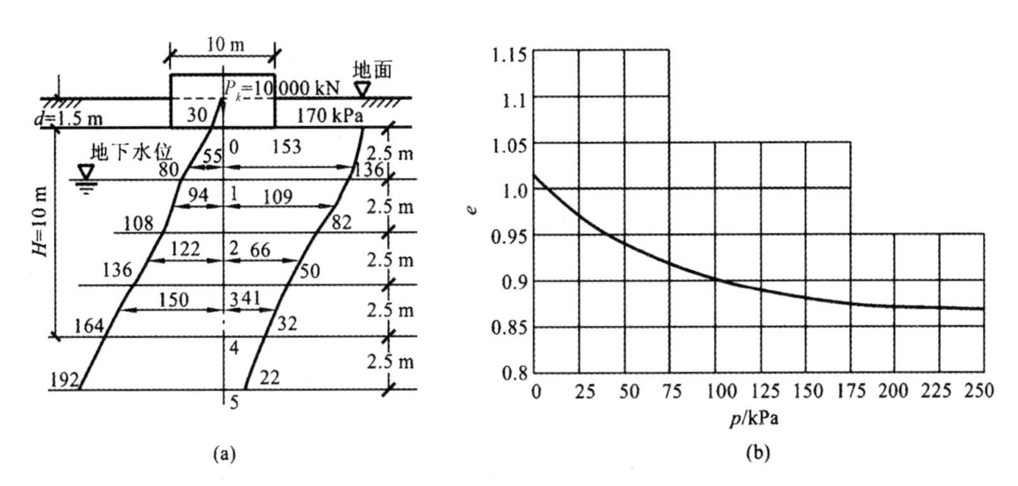

图 2-17 【例 2-5】图

【解】 (1)中心荷载作用下，基底压力为

$$p_k = \frac{P_k}{LB} = \frac{10\ 000}{10 \times 5} = 200\ (\text{kPa})$$

基底净压力为

$$p_0 = p_k - \gamma \times d = 200 - 20 \times 1.5 = 170\ (\text{kPa})$$

(2)因为是均质土，且地下水水位在基底以下 2.5 m 处，取分层厚度为 2.5 m。

(3)求各分层面的自重应力(注意从地面算起)并绘制分布曲线，如图 2-17(a)所示。

$\sigma_{c0} = \gamma d = 20 \times 1.5 = 30(\text{kPa})$

$\sigma_{c1} = \sigma_{c0} + \gamma h_1 = 30 + 20 \times 2.5 = 80(\text{kPa})$

$\sigma_{c2} = \sigma_{c1} + \gamma' h_2 = 80 + (21 - 9.8) \times 2.5 = 108(\text{kPa})$

$\sigma_{c3} = \sigma_{c2} + \gamma' h_3 = 108 + (21 - 9.8) \times 2.5 = 136(\text{kPa})$

$\sigma_{c4} = \sigma_{c3} + \gamma' h_4 = 136 + (21 - 9.8) \times 2.5 = 164(\text{kPa})$

$\sigma_{c5} = \sigma_{c4} + \gamma' h_5 = 164 + (21 - 9.8) \times 2.5 = 192(\text{kPa})$

(4)求各分层面的竖向附加应力并绘制分布曲线，如图 2-17(a)所示 。该基础为矩形，故采用角点法求解。为此，通过中心点将基底划分为 4 块相等的计算面积，每块的长度 L_1=5 m，宽度 B_1=2.5 m。中心点正好在 4 块计算面积的公共角点上，该点下任

意深度 z_i 处的附加应力为任一分块在该点引起的附加应力的 4 倍，计算结果见表 2-2。

表 2-2　附加应力计算结果

位置	z_i/m	z_i/B	L/B	α_c	$\sigma_z=4\alpha_c p_0$/kPa
0	0	0	2	0.250 0	170
1	2.5	1.0	2	0.199 9	136
2	5.0	2.0	2	0.120 2	82
3	7.5	3.0	2	0.073 2	50
4	10.0	4.0	2	0.047 4	32
5	12.5	5.0	2	0.032 8	22

(5)确定压缩层厚度。从计算结果可知，在第 4 点处有 $\frac{\sigma_{z4}}{\sigma_{c4}}=0.195<0.2$，所以，取压缩层厚度为 10 m。

(6)计算各分层的平均自重应力和平均附加应力，将计算结果列于表 2-3 中。

(7)由图 2-17(b)，根据 $p_{1i}=\sigma_{si}$ 和 $p_{2i}=\sigma_{si}+\sigma_{zi}$，分别查取初始孔隙比和压缩稳定后的孔隙比，结果列于表 2-3 中。

表 2-3　各分层的平均应力及相应的孔隙比

层次	平均自重应力 $p_{1i}=\sigma_{si}$ /kPa	平均附加应力 σ_{zi} /kPa	加荷载后总的应力 $p_{2i}=(\sigma_{si}+\sigma_{zi})$ /kPa	初始孔隙比 e_{1i}	压缩稳定后的孔隙比 e_{2i}
Ⅰ	55	153	208	0.935	0.870
Ⅱ	94	109	203	0.915	0.870
Ⅲ	122	66	188	0.895	0.875
Ⅳ	150	41	191	0.885	0.873

(8)计算地基的沉降量。分别计算各分层的沉降量，然后累加即得

$$s=\sum_{i=1}^{n}\frac{e_{1i}-e_{2i}}{1+e_{1i}}h_i$$

$$=\left(\frac{0.935-0.870}{1+0.935}+\frac{0.915-0.870}{1+0.915}+\frac{0.895-0.875}{1+0.895}+\frac{0.885-0.873}{1+0.885}\right)\times 250$$

$$=(0.0336+0.0235+0.0106+0.0064)\times 250$$

$$=18.5(\text{cm})$$

2.5.2 规范推荐法

计算地基变形也可采用规范计算公式，即计算地基变形时，地基内的应力分布，可采用各向同性均质线性变形体理论。其最终变形量可按下式进行计算：

$$s=\psi_s s'=\psi_s\sum_{i=1}^{n}\frac{p_0}{E_{si}}(z_i\bar{\alpha}_i-z_{i-1}\bar{\alpha}_{i-1})$$

式中参数应按《建筑地基基础设计规范》(GB 50007—2011)有关规定确定，本节不作介绍。

2.6 地基沉降与时间的关系

在工程实践中，除计算地基的最终沉降量外，还必须了解建筑物在施工期间和使用期间的地基沉降量，以便预留建筑物有关部分之间的净空尺寸，选择连接方法和施工顺序。另外，当采用堆载预压等方法处理地基时，也需要考虑地基沉降与时间的关系。

地基变形(沉降)稳定需要一定时间完成。碎石土和砂土的透水性好，其沉降所经历的时间短，可以认为在施工完毕时，其沉降已完成；对于黏性土，由于水被挤出的速度较慢，沉降稳定所需的时间就比较长，在厚层的饱和软黏土中，其固结沉降需要经过几年甚至几十年时间才能完成。因此，实践中一般只考虑饱和土的沉降与时间关系。

土的压缩随时间增长的过程，称为土的固结。饱和土在荷载作用后的瞬间，孔隙中的水承受了由荷载产生的全部压力，此压力称为孔隙水压力或称超静水压力。孔隙水在超静水压力作用下逐渐被排出，同时使土粒骨架逐渐承受压力，此压力称为土的有效应力。在有效应力增长的过程中，土粒孔隙被压密，土的体积被压缩，所以，土的固结过程就是超静水压力消散而转为有效应力的过程。

由上述分析可知，在饱和土的固结过程中，任一时间内有效应力 σ' 与超静水压力 u 之和总是等于由荷载产生的附加应力 σ_z ，即

$$\sigma_z=\sigma'+u \tag{2-13}$$

式(2-13)即饱和土的有效应力原理。在加荷瞬间 $\sigma_z=u$ ，而 $\sigma'=0$ ；当固结变形稳定时 $\sigma_z=\sigma'$ ，而 $u=0$ 。也就是说，只要超静水压力消散，有效应力增至最大值 σ_z ，则饱和土完全固结。

饱和土在某一时间的固结程度称为固结度 U_t，表示为

$$U_t = \frac{s_t}{s} \tag{2-14}$$

式中 s_t ——地基在某一时刻 t 的固结沉降量；

s ——地基最终的固结沉降量。

2.7 地基变形特征与建筑物沉降观测

2.7.1 地基变形特征

地基变形特征可分为沉降量、沉降差、倾斜和局部倾斜四种，如图 2-18 所示。

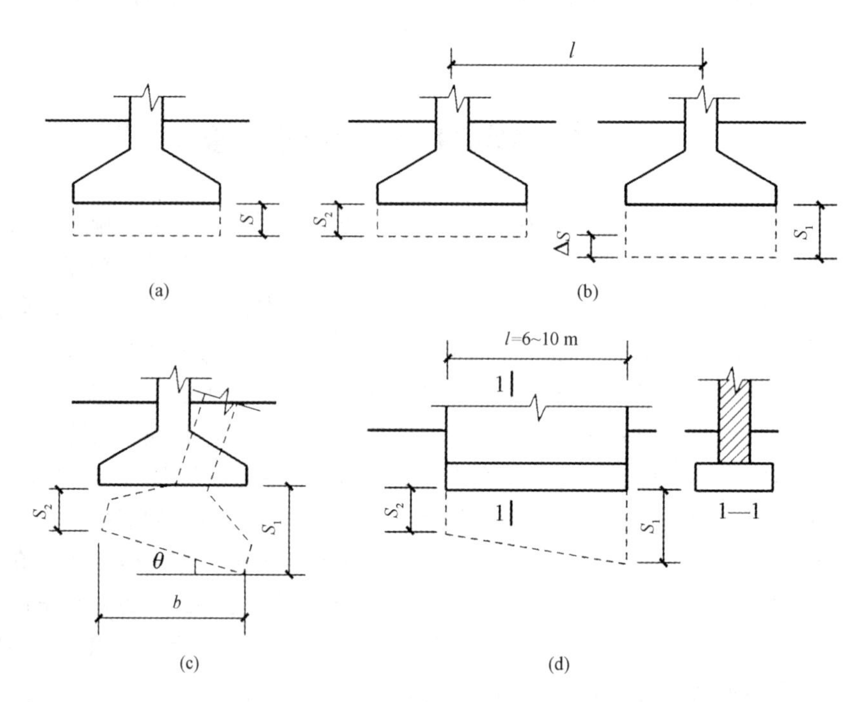

图 2-18 地基变形特征

(a)沉降量；(b)沉降差；(c)倾斜；(d)局部倾斜

1. 沉降量

沉降量是指基础中心的沉降量 s，单位为 mm。若沉降量过大，将可能影响建筑物的正常使用。例如，会导致室内外的上下水管、照明与通信电缆及煤气管道的折断、污水倒灌、雨水积聚等。因此，沉降量常作为建筑物地基变形的控制指标之一。

2. 沉降差

沉降差是指两相邻独立基础沉降量之差，$\Delta s = s_1 - s_2$，单位为 mm。建筑物中如相邻两个基础的沉降差过大，将会使建筑物发生裂缝、倾斜甚至破坏。对于框架结构和排架结构，计算地基变形时应由相邻柱基的沉降差控制。

3. 倾斜

倾斜是指基础倾斜方向两端点的沉降差与其距离的比值，$\tan\theta = \frac{s_2 - s_1}{b}$，如图 2-19 所示。建筑物倾斜过大，将影响正常使用，若遇台风或强烈地震，将危及建筑物整体稳定甚至造成倾覆。对于多层或高层建筑和高耸结构，计算地基变形时应由倾斜值控制。

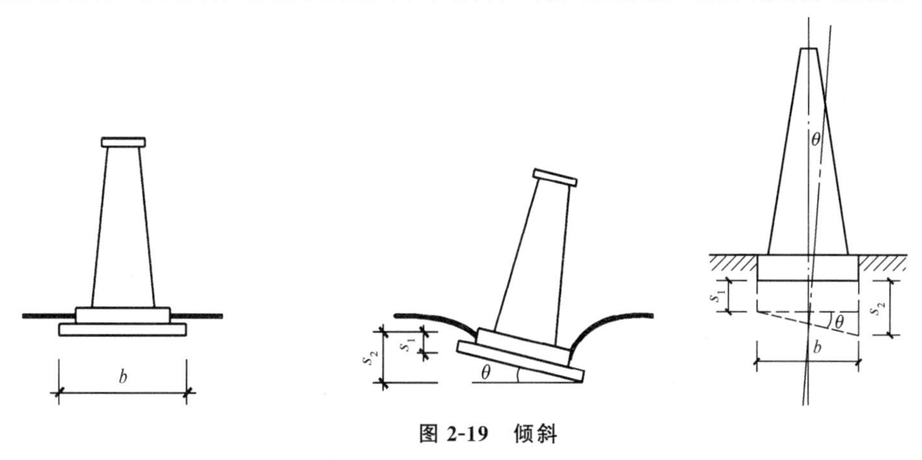

图 2-19 倾斜

4. 局部倾斜

局部倾斜是指砌体承重结构，沿纵向 6～10 m 内基础两点之间的沉降差与其距离的比值，如图 2-20 所示，砌体基础的局部倾斜 $\delta = \frac{\Delta s}{l}$。若建筑物局部倾斜过大，往往会使砌体结构受弯而拉裂。对于砌体承重结构，计算地基变形时应由局部倾斜值控制。

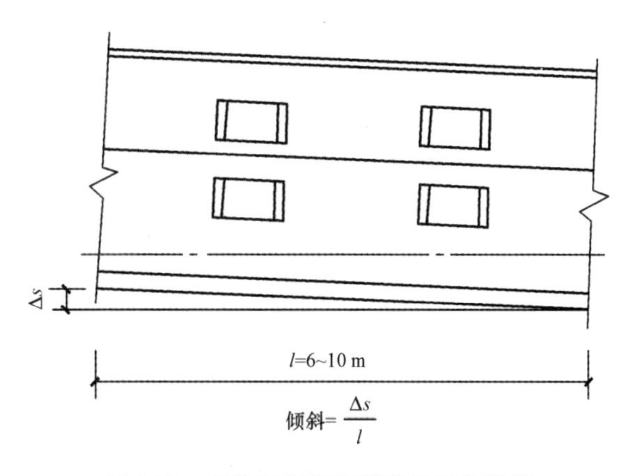

图 2-20 砌体承重结构基础的局部倾斜

为保证建筑物正常使用，防止因地基变形过大而发生裂缝、倾斜甚至破坏等事故，《建筑地基基础设计规范》(GB 50007—2011)根据各类建筑物的特点和地基土的不同类别，规定了建筑物的地基变形允许值，见表 2-4。对于表中未包括的建筑物，其地基变形允许值应根据上部结构对地基变形的适应能力和使用的要求确定。

表 2-4　建筑物的地基变形允许值

变形特征		地基土类别	
		中、低压缩性土	高压缩性土
砌体承重结构基础的局部倾斜		0.002	0.003
工业与民用建筑相邻柱基的沉降差	框架结构	0.002l	0.003l
	砌体墙填充的边排柱	0.000 7l	0.001l
	当基础不均匀沉降时不产生附加应力的结构	0.005l	0.005l
单层排架结构(柱距为 6 m)柱基的沉降量/mm		(120)	200
桥式起重机轨面的倾斜(按不调整轨道考虑)	纵　向	0.004	
	横　向	0.003	
多层和高层建筑的整体倾斜	$H_g\leqslant 24$	0.004	
	$24<H_g\leqslant 60$	0.003	
	$60<H_g\leqslant 100$	0.002 5	
	$H_g>100$	0.002	
体型简单的高层建筑基础的平均沉降量/mm		200	
高耸结构基础的倾斜	$H_g\leqslant 20$	0.008	
	$20<H_g\leqslant 50$	0.006	
	$50<H_g\leqslant 100$	0.005	
	$100<H_g\leqslant 150$	0.004	
	$150<H_g\leqslant 200$	0.003	
	$200<H_g\leqslant 250$	0.002	
高耸结构基础的沉降量/mm	$H_g\leqslant 100$	400	
	$100<H_g\leqslant 200$	300	
	$200<H_g\leqslant 250$	200	

注：1. 本表数值为建筑物地基实际最终变形允许值；
2. 有括号者仅适用于中压缩性土；
3. l 为相邻柱基的中心距离(mm)；H_g 为自室外地面起算的建筑物高度(m)；
4. 倾斜是指基础倾斜方向两端点的沉降差与其距离的比值；
5. 局部倾斜是指砌体承重结构沿纵向 6～10 m 内基础两点的沉降差与其距离的比值

由建筑地基不均匀、荷载差异很大、体型复杂等因素引起的地基变形，对于砌体承重结构应由局部倾斜值控制；对于框架结构和单层排架结构应由相邻柱基的沉降差控制；对于多层或高层建筑和高耸结构应由倾斜值控制；必要时还应控制平均沉降量。

2.7.2 建筑物沉降观测

为保证建筑物的安全，对于一级建筑物、高层建筑、重要的新型的或有代表性的建筑物，体型复杂、形式特殊或构造上、使用上对不均匀沉降有严格限制的建筑物，以及软弱地基、存在故河道、池塘或局部基岩出露的建筑物，应进行施工期间与竣工后使用期间的沉降观测。

1. 目的

(1)验证工程设计与沉降计算的正确性；

(2)判别建筑物施工的质量；

(3)发生事故后作为分析事故原因和加固处理的依据。

2. 水准基点设置

水准基点宜设置在基岩或压缩性较低的土层上，以保证水准基点的稳定可靠。水准基点的位置应靠近观测点并在建筑物产生的压力影响范围以外，不受行人车辆碰撞的地点。在一个观测区内水准基点不应少于 3 个。

3. 观测点的设置

观测点的设置应能全面反映建筑物的变形，并结合地质情况确定。如建筑物 4 个角点、沉降缝两侧、高低层交界处、地基土软硬交界两侧等，数量不少于 6 个。

4. 仪器与精度

沉降观测的仪器宜采用精密水平仪和钢尺，对第一观测对象宜固定测量工具、固定人员，观测前应严格校验仪器。

测量精度宜采用Ⅱ级水准测量，视线长度宜为 20～30 m；视线高度不宜低于0.3 m。水准测量应采用闭合法。

5. 观测次数和时间

要求前密后疏。民用建筑每建完一层(包括地下部分)应观测一次；工业建筑按不同荷载阶段分次观测，施工期间观测不应少于 4 次。建筑物竣工后的观测：第一年不少于 3～5 次，第二年不少于 2 次，以后每年 1 次，直至沉降稳定为止(稳定标准半年沉降 $s\leqslant$ 2 mm)。特殊情况，如突然发生严重裂缝或较大沉降，应增加观测次数。

沉降观测后，应及时整理资料，计算出各点的沉降量、累计沉降量及沉降速率，以便及早处理出现的地基问题。

2.7.3 防止地基有害变形的措施

当地基变形计算结果超过表 2-4 的规定时，为避免发生事故，保证工程的安全，必须采取适当措施。

1. 减小沉降量的措施

(1)外因方面的措施。地基沉降由附加应力产生，如减小基础底面的附加应力 p_0，则可相应减小地基沉降。由 $p_0=p-\gamma_m d$ 可知，减小 p_0 可采取以下两种措施：

1)减小上部结构重量，则可减小基础底面的接触压力 p_0；

2)当地基中无软弱下卧层时，可加大基础埋深 d，采取补偿性基础设计。

(2)内因方面的措施。地基产生沉降的内因，是由于地基土由三相组成，固体颗粒之间存在孔隙，在外荷作用下孔隙发生压缩所致。因此，为减小地基的沉降量，在建造建筑物之前，可根据地基土的性质、厚度，结合上部结构特点和场地周围环境，分别采取换土垫层、强力夯实、预压排水固结、砂桩挤密、振冲及化学加固等地基处理措施；必要时，还可以采用桩基础。

2. 减小沉降差的措施

(1)设计中尽量使上部荷载中心受压，均匀分布。

(2)遇高低层相差悬殊或地基软硬突变等情况，可合理设置沉降缝。

(3)增加上部结构对地基不均匀沉降的调整作用。如设置封闭圈梁与构造柱，加强上部结构的刚度；将超静定结构改为静定结构，以加大对不均匀沉降的适应性。

(4)妥善安排施工顺序。如先施工主体结构或沉降大的部位，后施工附属结构或沉降小的部位等。

(5)当建筑物已发生严重的不均匀沉降时，可采取人工补救措施。

思考与练习

1. 何谓自重应力？何谓附加应力？两者在地基中如何分布？怎样计算？

2. 何谓基底压力？何谓基底附加应力？两者如何区别？

3. 某独立基础如图 2-21 所示，底面面积 $L\times B=3\times 2=6(\mathrm{m}^2)$，埋深 $d=2$ m，作用在地面标高处的荷载 $F_k=1\ 000$ kN，力矩 $M_k=200$ kN·m，试计算基底压力并绘出分布图。

4. 地基土呈水平成层分布，自然地面下分别为黏土、细砂和中砂，地下水位于第一层土底面，各层土的重度如图 2-22 所示。试计算图中点 1、点 2 和点 3 处的竖向自重应力。

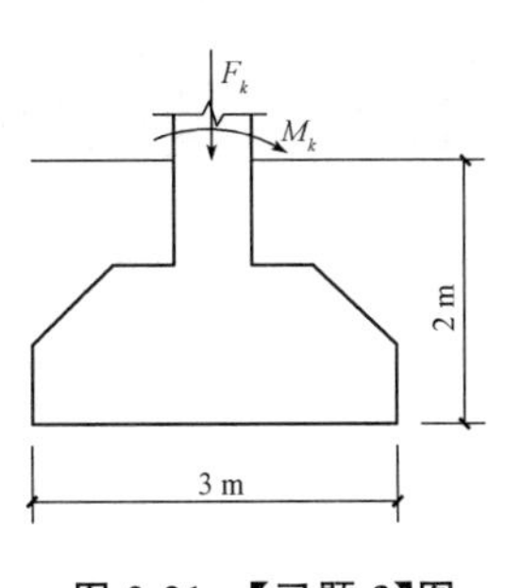

图 2-21 【习题 3】图

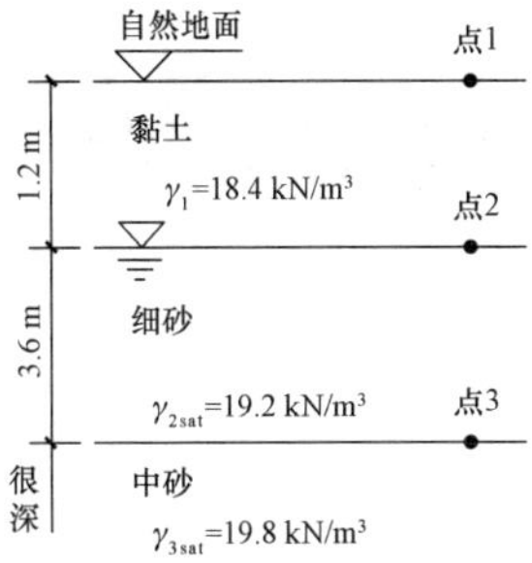

图 2-22 【习题 4】图

5. 在图 2-23 所示的 $ABCD$ 矩形面积上作用均布荷载 $P_0=180$ kPa，试计算在此荷载作用下矩形长边 AB 上点 E 下 2 m 深度处的竖向附加应力 σ_z（矩形均布荷载作用下角点附加应力系数见表 2-5）。

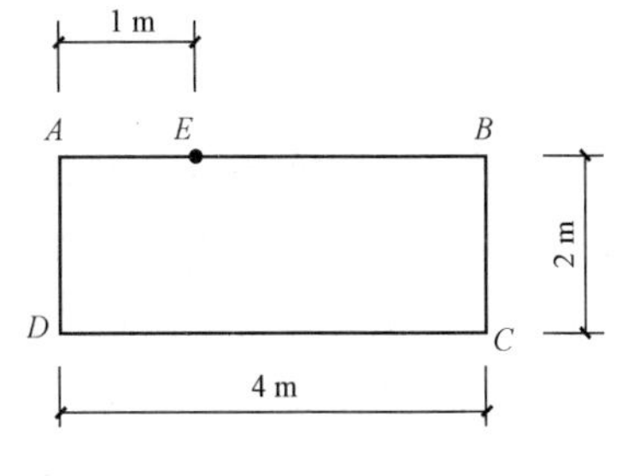

图 2-23 【习题 5】图

表 2-5 矩形均布荷载作用下角点附加应力系数

z/b \ l/b	1.0	1.2	1.4	1.6	1.8	2.0	3.0	4.0
0.5	0.231 5	0.234 8	0.236 5	0.237 5	0.238 1	0.238 4	0.239 1	0.239 2
1.0	0.175 2	0.185 1	0.191 1	0.195 5	0.198 1	0.199 9	0.203 4	0.204 2
2.0	0.084 0	0.094 7	0.103 4	0.110 3	0.115 8	0.120 2	0.131 4	0.135 0
3.0	0.044 7	0.051 9	0.058 3	0.064 0	0.069 0	0.073 2	0.087 0	0.093 1
4.0	0.027 0	0.031 8	0.036 2	0.040 6	0.044 1	0.047 4	0.060 3	0.067 4

素质拓展

土中应力的计算和土的变形机理，深刻体现了自然辩证法哲学的基本观点和方法、自然界事物的发展变化规律，通过引入“土力学之父”卡尔·太沙基的生平事迹和主要成就、中国现代桥梁之父茅以升建钱塘江大桥的工作事迹，介绍了大师们严谨细致、求真务实的工作态度，我们应从中明白：要不断追求卓越的科学精神，培养精益求精的职业素养及一丝不苟的工匠精神。

模块3 土的抗剪强度与地基承载力的确定

3.1 土的抗剪强度

土的抗剪强度是指土体中剪切面上抵抗剪切破坏的极限能力(可理解为土中一个点抵抗剪切破坏的极限能力),它是土的重要力学性质之一。工程中的地基承载力、挡土墙土压力、土坡稳定等问题,都与土的抗剪强度直接相关。

地基土在上部荷载作用下互相挤压,土中颗粒之间将产生剪应力,如果土体内某一部分的剪应力超过土体本身的抗剪强度(抗剪强度主要由颗粒之间的黏聚力和摩擦力构成),在该部分就开始出现剪切破坏。随着荷载的增加,剪切破坏的范围逐渐扩大,最终在土体中形成连续的滑动面,致使地基发生整体剪切破坏而丧失稳定性,如图3-1所示。

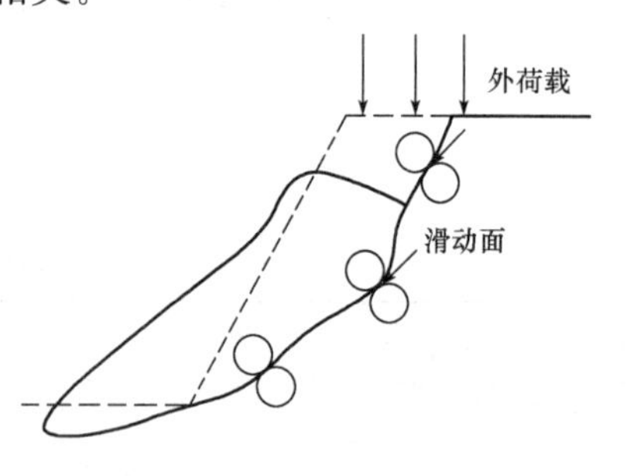

图3-1 剪应力产生的连续滑动面

因为土颗粒之间的接触界面相对软弱,在外荷载作用下,该位置首先发生剪切破坏,因此,土的强度主要由颗粒之间的相互作用决定(即由土的抗剪强度来确定),而不是由颗粒矿物的强度决定,所以,地基土的强度实质上就是土的抗剪强度。研究土的强度特性,其实就是研究土的抗剪强度特性。

3.2 抗剪强度库仑定律

当土体在荷载作用下发生剪切破坏时,作用在剪切面上的极限剪应力就称为土的抗剪强度。

为研究土体的抗剪强度,法国科学家库仑(C. A. Coulomb)总结土的破坏现象和影响因素,于1776年提出土的抗剪强度公式为

无黏性土 $$\tau_f=\sigma\tan\varphi \tag{3-1a}$$

黏性土 $$\tau_f=\sigma\tan\varphi+c \tag{3-1b}$$

式中 τ_f——土的抗剪强度(kPa);

σ——剪切面上的法向应力(kPa)；

c——土的黏聚力(kPa)；

φ——土的内摩擦角(°)。

式(3-1a)、式(3-1b)称为土的抗剪强度的库仑定律。根据试验证明，抗剪强度 τ_f 与法向应力 σ 的关系曲线近似为一条直线，如图 3-2 所示。图中直线倾角即土的内摩擦角 φ，直线在纵坐标上的截距即土的黏聚力 c。φ、c 称为土的抗剪强度指标。

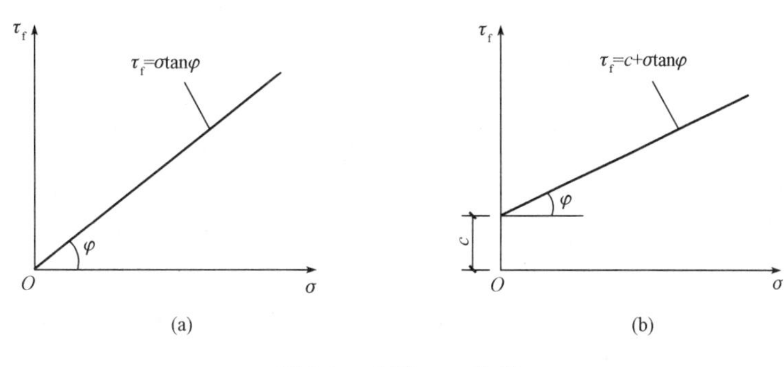

图 3-2　土的 τ_f-σ 曲线

(a) 无黏性土；(b)黏性土

式(3-1)表明，土的抗剪强度由摩擦阻力 $\sigma\tan\varphi$ 和黏聚力 c 两部分组成。

(1)土的摩擦阻力来源于两个方面：一个是由颗粒之间剪切滑动所产生的滑动摩擦；另一个是由土粒之间互相嵌入所产生的咬合摩擦。摩擦阻力的大小取决于剪切面上的正应力和土的内摩擦角。内摩擦角是度量滑动难易程度和咬合作用强弱的参数。影响土内摩擦角的主要因素有密度、颗粒级配、颗粒形状、矿物成分、含水量等；对细粒土而言，还受到颗粒表面的物理化学作用的影响。

(2)黏聚力由土粒之间的胶结作用和电分子引力等因素形成。土粒越细，塑性越大，其黏聚力也越大，通常认为粗粒土的黏结强度等于零。

3.3　抗剪强度指标的测定方法及室内试验方法的选用

土的抗剪强度的测定方法有多种，室内有直接剪切试验、三轴压缩试验、无侧限抗压强度试验；现场原位测试有十字板剪切试验等。

土的抗剪强度指标随试验方法、排水条件的不同而不同，对于具体工程，应尽可能根据现场条件来确定所采用的试验方法，以获得合适的抗剪强度指标。土的抗剪强度室内试验方法的选用，参见表 3-1。

表 3-1　抗剪强度室内试验方法选用

试验方法	适用条件
三轴不固结不排水试验(UU)或直接剪切快剪试验(Q)	地基土的透水性小(如厚层饱和黏性土地基)，排水条件不良，建筑物施工速度较快
三轴固结排水试验(CD)或直接剪切慢剪试验(S)	地基土的透水性大(如砂土地基)，排水条件佳，建筑物加荷速度较慢
三轴固结不排水试验(CU)或直接剪切固结快剪试验(CQ)	地基土条件等介于上述两种情况之间(如建筑物竣工以后较久，房屋增层)

相对于三轴试验而言，直接剪切试验设备简单，操作方便，故目前在实际工程中使用比较普遍。然而，直接剪切试验中只是用剪切速率的“快”与“慢”来模拟试验中的“不排水”和“排水”，对试验排水条件的控制是很不严格的，因此，在有条件的情况下应尽量采用三轴试验方法。鉴于大多数工程施工速度快，较接近不固结不排水剪切条件，所以一般应选用三轴不固结不排水试验，而且采用该试验成果计算，一般较安全。

《建筑地基基础设计规范》(GB 50007—2011)规定，土的抗剪强度指标，可采用原状土室内剪切试验、无侧限抗压强度试验、十字板剪切试验等方法测定；当采用室内剪切试验确定时，应选择三轴压缩试验中不固结不排水试验；经过预压固结的地基可采用固结不排水试验。

【例 3-1】 已知建筑 1 要求抢工期，建筑 2 工期很长、施工慢，建筑 3 的地基条件介于前两者之间(图 3-3)，请问以上三个建筑的地基抗剪强度室内试验方法应如何选择？若通过试验测出建筑 1 地基深度 1 m 处的抗剪强度指标 $\sigma=20$ kPa，$c=10$ kPa，$\varphi=10°$，且外荷载在该处产生的剪应力为 15 kPa，则地基在该部位是否发生破坏？

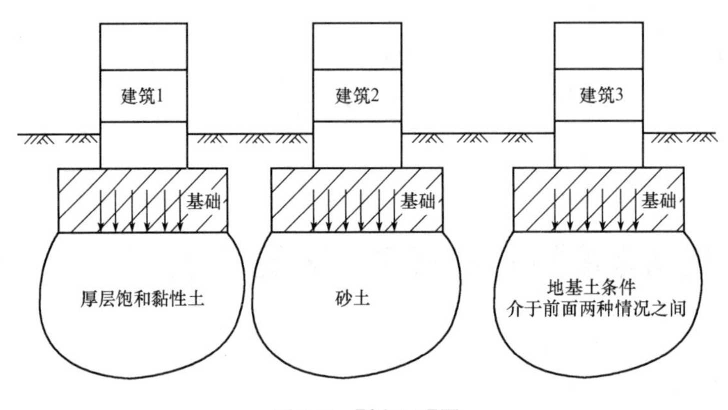

图 3-3　【例 3-1】图

【解】 (1)根据表 3-1，建筑 1 应该采用三轴不固结不排水试验(UU)或直接剪切快剪试验(Q)；建筑 2 应该采用三轴固结排水试验(CD)或直接剪切慢剪试验(S)；建筑 3 应该采用三轴固结不排水试验(CU)或直接剪切固结快剪试验(CQ)。

(2)由式(3-1b)，可知

$$\tau_f = \sigma\tan\varphi + c = 20\times\tan10^\circ + 10 = 13.5(\text{kPa})$$

因为外荷载在该处产生的剪应力为 15 kPa，而该点土体的抗剪强度为 13.5 kPa，因此地基在该部位将发生破坏。

3.4 地基承载力的确定

3.4.1 地基容许承载力和地基承载力特征值作为地基承载力

地基承载力是指在保证地基稳定的条件下，地基单位面积上所能承受的最大应力，单位为 kN/m^2，地基承载力受土抗剪强度的控制。

通常可将地基承载力分为地基极限承载力和地基容许承载力。地基极限承载力是指地基即将丧失稳定性时的承载力；地基容许承载力是指在保证地基稳定性的条件下，建筑物基础沉降量不超过允许值的地基承载力。地基容许承载力和地基承载力特征值可作为地基承载力。

地基承载力也可以采用地基临塑荷载、地基临界荷载及地基极限荷载来确定，用临塑荷载作为地基承载力偏保守，用临界荷载作为地基承载力则比较合理，既安全又能充分发挥地基的承载能力，用极限荷载作为地基承载力，必须除以一个安全系数。

《建筑地基基础设计规范》(GB 50007—2011)规定，在正常使用极限状态计算时采用地基承载力特征值作为地基承载力。地基承载力特征值是指在保证地基强度和稳定的条件下，使建筑物的沉降量和沉降差不超过允许值的地基承载力，以 f_a 表示。

3.4.2 用地基临塑荷载、临界荷载、极限荷载确定地基承载力

1. 临塑荷载

地基的临塑荷载 p_{cr} 是地基中将要出现但尚未出现塑性区时，地基土所承受的基底压力，该压力即地基承载力。当采用临塑荷载 p_{cr} 作为地基容许承载力时，一般安全而偏于保守，因为此时地基还没有真正出现塑性区(图 3-4)。地基临塑荷载 p_{cr} 的计算公式为

$$p_{cr} = \frac{\pi(\gamma_m d + c\cdot\cot\varphi)}{\cot\varphi + \varphi - \dfrac{\pi}{2}} + \gamma_m d = N_d\gamma_m d + N_c c \tag{3-2}$$

2. 临界荷载

临界荷载是指地基中已经出现塑性变形区，但尚未达到极限破坏时的基底压力，即

塑性区范围不是很大，在安全允许的范围时，就不致影响建筑物的安全和正常使用。因此，可以采用临界荷载作为地基承载力。一般认为，在中心垂直荷载下，塑性区的最大发展深度 z_{max} 可控制在基础宽度的$\frac{1}{4}$，相应的临界荷载用 $p_{1/4}$ 表示，如图 3-5 所示。

$$p_{1/4} = \frac{\pi(\gamma_m d + \frac{1}{4}\gamma b + c \cdot \cot\varphi)}{\cot\varphi + \varphi - \frac{\pi}{2}} + \gamma d$$

$$= N_{1/4}\gamma b + N_d \gamma_m d + N_c c \tag{3-3}$$

式中　$p_{1/4}$——塑性区最大发展深度 $z_{max} = \frac{b}{4}$ 时的临界荷载(kPa)。

而对于偏心荷载作用的基础，塑性区的最大发展深度也可取 $z_{max} = \frac{b}{4}$，相应的临界荷载用 $p_{1/3}$ 表示。

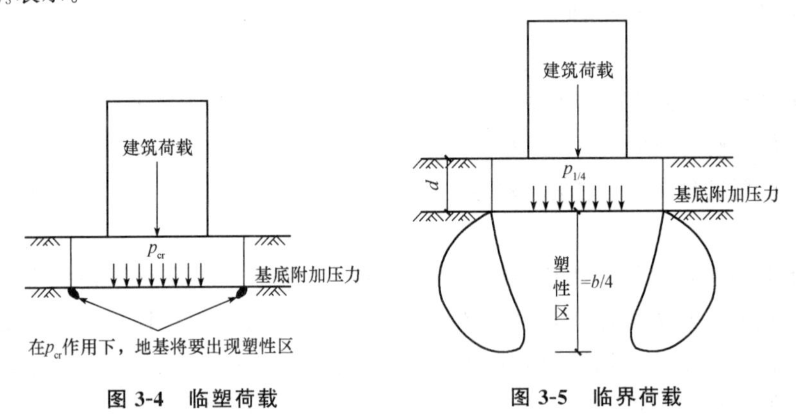

图 3-4　临塑荷载　　　　图 3-5　临界荷载

3. 极限荷载

地基极限荷载是指在外荷载作用下，地基即将丧失整体稳定性而被破坏时的基底压力。设计时绝不允许建筑物荷载达到极限荷载，当采用极限荷载 p_u 来确定地基承载力时，p_u 应除以安全系数 K。

计算地基极限荷载常用的公式有太沙基公式、斯凯普顿公式、汉森公式等。

(1)太沙基(K. Terzaghi)公式。太沙基公式是世界各国常用的极限荷载计算公式，适用于基础底面粗糙的条形基础，并推广应用于圆形基础和方形基础。

对于条形基础

$$p_u = \frac{1}{2}\gamma b N_\gamma + \gamma_m d N_q + c N_c \tag{3-4}$$

用太沙基极限荷载公式计算地基承载力时，应除以安全系数 K，即

$$f = \frac{p_u}{K} \tag{3-5}$$

式中　f——地基承载力；

K——地基承载力安全系数，$K \geqslant 3$。

(2)斯凯普顿(Skempton)公式。当地基土的内摩擦角 $\varphi=0$ 时，太沙基公式难以应用，这是因为太沙基公式中的承载力系数 N'_γ、N'_q、N'_c都是 φ 的函数。斯凯普顿专门研究了 $\varphi=0$ 的饱和软土地基的极限荷载计算，提出了斯凯普顿极限荷载计算公式，即

$$p_u=5c\left(1+0.2\frac{b}{l}\right)\left(1+0.2\frac{d}{b}\right)+\gamma_m d \tag{3-6}$$

该公式适用于浅基础(基础埋深 $d\leqslant 2.5b$)下，内摩擦角 $\varphi=0$ 的饱和软土地基，并考虑了基础宽度与长度比值 $\frac{b}{l}$ 的影响。工程实践表明，按斯凯普顿公式计算的地基极限荷载与实际接近。

用斯凯普顿极限荷载公式计算地基承载力时，应除以安全系数 K，K 取 1.1～1.5。

(3)汉森(J. B. Hansen)公式。汉森公式适用于倾斜荷载作用下，不同基础形状和埋置深度的极限荷载的计算。由于适用范围较广，对水利工程有实用意义，已被我国港口工程技术规范所采用。

$$p_u=\frac{1}{2}\gamma b N_\gamma S_\gamma d_\gamma i_\gamma g_\gamma b_\gamma+\gamma_0 d N_q S_q d_q i_q g_q b_q+c N_c S_c d_c i_c g_c b_c \tag{3-7}$$

用汉森极限荷载公式计算地基承载力时，应除以安全系数 K，$K\geqslant 2$。

3.4.3 地基承载力特征值的确定

1. 地基承载力特征值的概念

地基承载力特征值是指由载荷试验测定的地基土压力变形曲线线性变形段内规定的变形所对应的压力值。《建筑地基基础设计规范》(GB 50007—2011)规定，在正常使用极限状态计算时采用地基承载力特征值作为地基承载力。

视频：土的抗剪强度与地基承载力

确定地基承载力特征值的方法有按理论公式确定、按载荷试验确定、按其他原位试验确定和凭建筑经验确定。在具体工程中，应根据地基岩土条件并结合当地工程经验，选择确定地基承载力的适当方法，必要时可以按多种方法综合确定。下面简单介绍确定地基承载力特征值的方法。

2. 确定地基承载力特征值的方法

(1)按理论公式确定地基承载力特征值。《建筑地基基础设计规范》(GB 50007—2011)推荐采用以临界荷载 $p_{1/4}$ 为基础的理论公式计算地基承载力特征值。当偏心距 e 小于或等于 0.033 倍基础底面宽度时，根据土的抗剪强度指标确定地基承载力特征值可按下式计算，并应满足变形要求：

$$f_a=M_b\gamma b+M_d\gamma_m d+M_c c_k \tag{3-8}$$

式中　f_a ——由土的抗剪强度指标确定的地基承载力特征值(kPa)；

M_b、M_d、M_c ——承载力系数，按表 3-2 确定；

γ ——基础底面以下土的重度，地下水位以下取浮重度(kN/m^3)；

b ——基础底面宽度(m)，大于 6 m 时，按 6 m 取值；对于砂土，小于 3 m 时按

3 m 取值；

γ_m ——基础底面以上土的加权平均重度，地下水水位以下取浮重度(kN/m^3)；

c_k ——基底下一倍短边宽深度内土的黏聚力标准值(kPa)；

d ——基础埋置深度(m)，一般从室外地面标高算起。在填方整平地区，可自填土地面标高算起，但填土在上部结构施工后完成时，应从天然地面标高算起。对于地下室，当采用箱形基础或筏形基础时，基础埋置深度自室外地面标高算起；当采用独立基础或条形基础时，应从室内地面标高算起。

表 3-2　承载力系数 M_b、M_d、M_c

土的内摩擦角标准值 φ_k /°	M_b	M_d	M_c
0	0	1.00	3.14
2	0.03	1.12	3.32
4	0.06	1.25	3.51
6	0.10	1.39	3.71
8	0.14	1.55	3.93
10	0.18	1.73	4.17
12	0.23	1.94	4.42
14	0.29	2.17	4.69
16	0.36	2.43	5.00
18	0.43	2.72	5.31
20	0.51	3.06	5.66
22	0.61	3.44	6.04
24	0.80	3.87	6.45
26	1.10	4.37	6.90
28	1.40	4.93	7.40
30	1.90	5.59	7.95
32	2.60	6.35	8.55
34	3.40	7.21	9.22
36	4.20	8.25	9.97
38	5.00	9.44	10.80
40	5.80	10.84	11.73

注：φ_k ——基底下一倍短边宽深度内土的内摩擦角标准值

【例 3-2】 某柱下基础承受中心荷载作用，基础尺寸为 2.2 m×3.0 m，基础埋深为 2.5 m。场地土为粉土，水位在地表以下 2.0 m，水位以上土的重度 γ=17.6 kN/m^3，水位以下饱和土重度 γ_{sat}=19 kN/m^3，土的黏聚力 c_k =14 kPa，内摩擦角 φ_k =21°。试按以临界荷载 $p_{1/4}$ 为基础的理论公式确定地基承载力特征值。

【解】 由 φ_k =21°，查表 3-2 并作内插，得 M_b =0.56、M_d = 3.25、M_c = 5.85。

基底以上土的加权平均重度

$$\gamma_m=\frac{17.6\times2.0+(19-10)\times0.5}{2.5}=15.9(\mathrm{kN/m^3})$$

由式(3-8)得

$$\begin{aligned}f_a &= M_b\gamma b + M_d\gamma_m d + M_c c_k\\ &=0.56\times(19-10)\times2.2+3.25\times15.9\times2.5+5.85\times14\\ &=222.2(\mathrm{kPa})\end{aligned}$$

(2)按载荷试验确定地基承载力特征值。载荷试验是一种原位测试技术，能够模拟建筑物地基的实际受荷条件，比较准确地反映地基土受力状况和变形特征，是直接确定地基承载力最可靠的方法。但载荷试验费时、耗资，因此，《建筑地基基础设计规范》(GB 50007—2011)只要求对地基基础设计等级为甲级的建筑物采用。

载荷试验包括浅层平板载荷试验、深层平板载荷试验和螺旋板载荷试验。浅层平板载荷试验适用于确定浅部地基土层在承压板下应力主要影响范围内的承载力；深层平板载荷试验适用于确定深部地基土层(埋深 $d\geqslant3$ m 和地下水水位以上的地基土)及大直径桩桩端土层在承压板下应力主要影响范围内的承载力；螺旋板载荷试验适用于深层地基土或地下水水位以下的地基土。

图 3-6 所示为现场浅层平板载荷试验示意。试验时，将一个刚性承压板平置于欲试验的土层表面，通过千斤顶或重块在板上分级施加荷载，观测记录沉降随时间的发展及稳定时的沉降量 s，将上述试验得到的各级荷载与相应的稳定沉降量绘制成 p-s 曲线，由此曲线即可确定地基承载力和地基土变形模量。

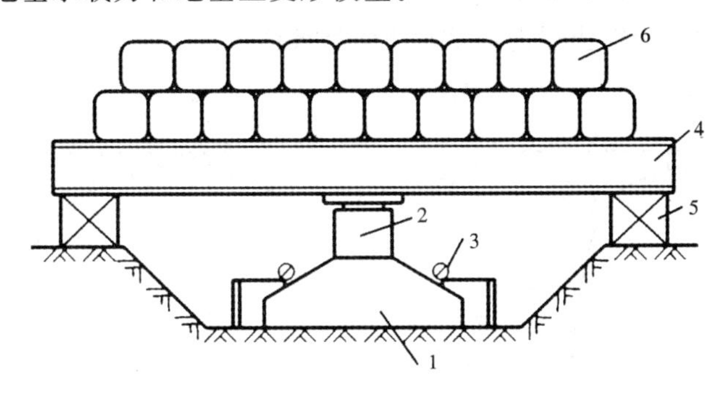

图 3-6　现场浅层平板载荷试验示意

1—承压板；2—千斤顶；3—百分表；4—平台；5—支墩；6—堆载

浅层平板载荷试验要点如下：

1)浅层平板载荷试验承压板面积不应小于 0.25 m^2，对于软土不应小于 0.5 m^2。

2)试验基坑宽度不应小于承压板宽度或直径的三倍。应保持试验土层的原状结构和天然湿度。宜在拟试压表面用粗砂或中砂层找平，其厚度不超过 20 mm。

3)加荷分级不应少于 8 级。最大加载量不应小于设计要求的两倍。

4)每级加载后，按间隔 10 min、10 min、10 min、15 min、15 min，以后为每隔半

小时测读一次沉降量。当在连续两小时内，每小时的沉降量小于 0.1 mm 时，则认为已趋于稳定，可加下一级荷载。

5)当出现下列情况之一时，即可终止加载：

①承压板周围的土明显地侧向挤出；

②沉降 s 急骤增大，荷载与沉降曲线(p-s 曲线)出现陡降段；

③在某一级荷载下，24 小时内沉降速率不能达到稳定；

④沉降量与承压板宽度或直径之比大于或等于 0.06；

⑤当满足前三种情况之一时，其对应的前一级荷载定为极限荷载。

6)承载力特征值的确定：

①对于密实砂土、硬塑黏土等低压缩性土，当 p-s 曲线上有比例界限时，考虑到低压缩性土的承载力特征值一般由强度安全控制，取该比例界限所对应的荷载值 p_{cr} 作为承载力特征值[图 3-7(a)]。

②对于比例界限所对应的荷载值 p_{cr} 与极限荷载 p_u 很接近的土，当 $p_u < 2p_1$ 时，取 $\frac{p_u}{2}$ 作为承载力特征值。

③对于中、高压缩性土，如松砂、填土、可塑性黏土等，p-s 曲线无明显转折点，其地基承载力往往通过相对变形来控制。《建筑地基基础设计规范》(GB 50007—2011)总结了许多实测资料，规定当承压板面积为 0.25～0.50 m^2 时，取 $s=(0.010 \sim 0.015)b$ 所对应的荷载作为承载力特征值，但其值不应大于最大加载量的一半[图 3-7(b)]。

同一土层参加统计的试验点不应少于三点，当试验实测值的极差不超过其平均值的 30%时，取此平均值作为该土层的地基承载力特征值 f_{ak} 。

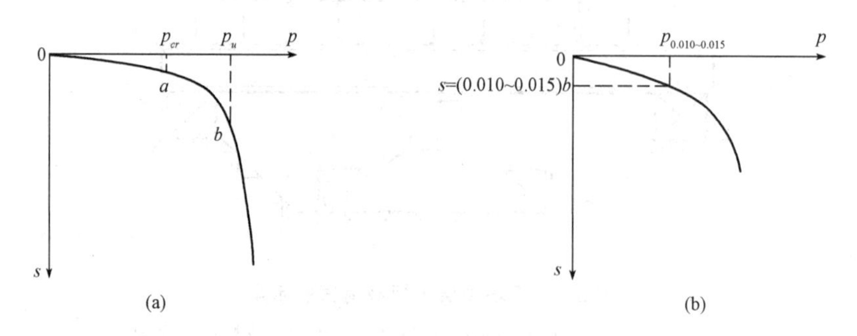

图 3-7　载荷试验确定承载力特征值

(a)有明显转折点的 p-s 曲线；(b)无明显转折点的 p-s 曲线

承压板的尺寸一般比实际基础小，影响深度也较小，试验只反映这个范围内土层的承载力。如果承压板影响深度之下存在软弱下卧层，而该层又处于基础的主要受力层内，如图 3-8 所示的情况，此时除非采用大尺寸承压板做试验，否则意义不大。

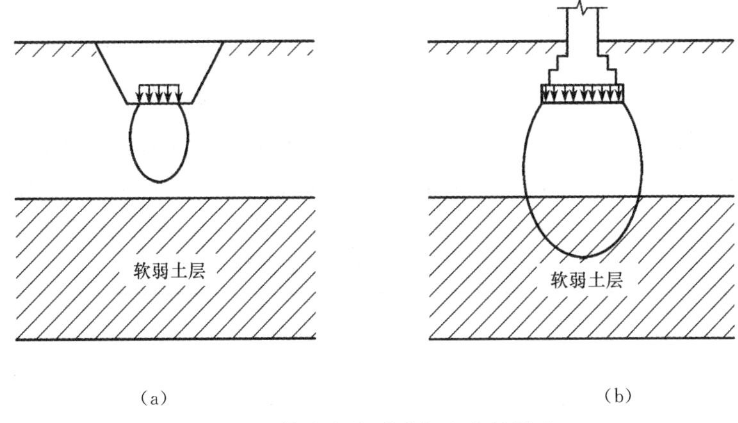

图 3-8　基础宽度对附加应力的影响

(a)载荷试验；(b)实际基础

(3)按其他原位试验确定地基承载力特征值。除载荷试验外，静力触探、动力触探、标准贯入试验等原位测试，我国已经积累了丰富经验，《建筑地基基础设计规范》(GB 50007—2011)允许将其应用于确定地基承载力特征值，但是强调必须有地区经验，即当地的对比资料。同时还应注意，当地基基础设计等级为甲级和乙级时，应结合室内试验成果综合分析，不宜单独应用。

(4)凭建筑经验确定地基承载力特征值。在拟建建筑物的邻近地区，常常有着各种各样的在不同时期建造的建筑物。调查这些已有建筑物的形式、构造特点、基底压力大小、地基土层情况及这些建筑是否有裂缝、倾斜和其他损坏现象，根据这些情况进行详细的分析和研究，对于新建建筑物地基土承载力的确定，具有一定的参考价值。这种方法一般适用于荷载不大的中、小型工程。

3.4.4　地基承载力特征值的修正

理论分析和工程实践表明，增加基础宽度和埋置深度，地基的承载力也将随之提高。而上述原位测试中，地基承载力测定都是在一定条件下进行的，因此，必须考虑这两个因素的影响。《建筑地基基础设计规范》(GB 50007—2011)规定：当基础宽度大于 3 m 或埋置深度大于 0.5 m 时，从载荷试验或其他原位测试、经验值等方法确定的地基承载力特征值尚应按下式修正：

$$f_a = f_{ak} + \eta_b \gamma (b - 3) + \eta_d \gamma_m (d - 0.5) \tag{3-9}$$

式中　f_a——修正后的地基承载力特征值(kPa)；

f_{ak}——地基承载力特征值(kPa)；

η_b、η_d——基础宽度和埋深的地基承载力修正系数，按基底下土的类别查表 3-3 取值；

b——基础底面宽度(m)，当基宽小于 3 m 按 3 m 取值，大于 6 m 按 6 m 取值；

γ ——基础底面以下土的重度，地下水位以下取浮重度(kN/m^3)；

γ_m ——基础底面以上土的加权平均重度，地下水水位以下取浮重度(kN/m^3)；

d ——基础埋置深度(m)，一般从室外地面标高算起。在填方整平地区，可自填土地面标高算起，但填土在上部结构施工后完成时，应从天然地面标高算起。对于地下室，当采用箱形基础或筏形基础时，基础埋置深度自室外地面标高算起；当采用独立基础或条形基础时，应从室内地面标高算起。

表 3-3　地基承载力修正系数

土的类别		η_b	η_d
淤泥和淤泥质土		0	1.0
人工填土，e 或 I_L 不小于 0.85 的黏性土		0	1.0
红黏土	含水比 $a_w>0.8$	0	1.2
	含水比 $a_w\leqslant 0.8$	1.5	1.4
大面积压实填土	压密系数大于 0.95、黏粒含量 $\rho\geqslant 10\%$ 的粉土	0	1.5
	最大密度大于 2 100 kg/m^3 的级配砂石	0	2.0
粉土	黏粒含量 $\rho_c\geqslant 10\%$ 的粉土	0.3	1.5
	黏粒含量 $\rho_c<10\%$ 的粉土	0.5	2.0
e 及 I_L 均小于 0.85 的黏性土		0.3	1.6
粉砂、细砂(不包括很湿与饱和时的稍密状态)		2.0	3.0
中砂、粗砂、砾砂和碎石土		3.0	4.4

注：1. 强风化和全风化的岩石，可参照所风化的相应土类取值，其他状态下的岩石不修正。

2. 地基承载力特征值按《建筑地基基础设计规范》(GB 50007—2011)附录 D“深层平板载荷试验要点”确定时 η_d 取 0

【例 3-3】 某场地土层分布及各项物理力学指标如图 3-9 所示，若在该场地拟建下列基础：(1)柱下独立基础，底面尺寸为 2.6 m×4.8 m，基础底面设置于粉质黏土层顶面；(2)高层箱形基础，底面尺寸为 12 m×45 m，基础埋深为 4.2 m。试确定这两种情况下修正后的地基承载力特征值。

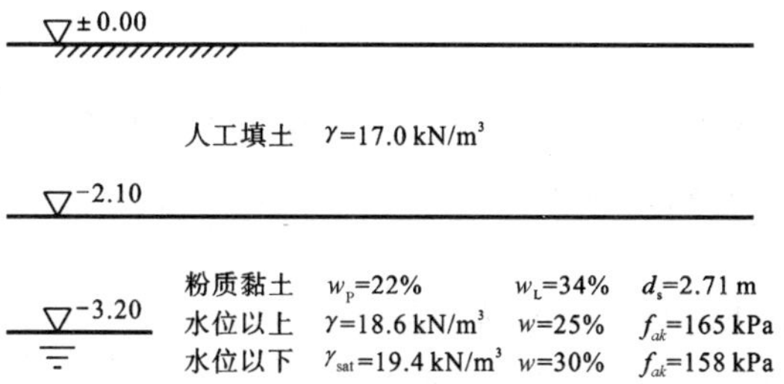

人工填土　γ=17.0 kN/m³

粉质黏土　w_P=22%　w_L=34%　d_s=2.71 m

水位以上　γ=18.6 kN/m³　w=25%　f_{ak}=165 kPa

水位以下　γ_{sat}=19.4 kN/m³　w=30%　f_{ak}=158 kPa

±0.00　−2.10　−3.20

图 3-9 【例 3-3】图

【解】 (1)确定柱下独立基础修正后的地基承载力特征值。已知 $b=2.6\ \text{m}<3\ \text{m}$，按 3 m 考虑，$d=2.1$ m。粉质黏土层水位以上：

$$I_L=\frac{w-w_P}{w_L-w_P}=\frac{0.25-0.22}{0.34-0.22}=0.25$$

$$e=\frac{d_s(1+w)\gamma_w}{\gamma}-1=\frac{2.71\times(1+0.25)\times10}{18.6}-1=0.82$$

查表 3-3，得 $\eta_b=0.3$，$\eta_d=1.6$，将各指标值代入式(3-9)，得

$$\begin{aligned}f_a&=f_{ak}+\eta_b\gamma(b-3)+\eta_d\gamma_m(d-0.5)\\&=165+0+1.6\times17\times(2.1-0.5)\\&=208.5(\text{kPa})\end{aligned}$$

(2) 确定箱形基础修正后的地基承载力特征值。已知 $b=6$ m，按 6 m 考虑，$d=4.2$ m，基础底面以下：

$$I_L=\frac{w-w_P}{w_L-w_P}=\frac{0.30-0.22}{0.34-0.22}=0.67$$

$$e=\frac{d_s(1+w)\gamma_w}{\gamma}-1=\frac{2.71\times(1+0.30)\times10}{19.4}-1=0.82$$

水位以下浮重度为

$$\gamma'=\frac{d_s-1}{1+e}\gamma_w=\frac{(2.71-1)\times10}{1+0.82}=9.4(\text{kN/m}^3)$$

或

$$\gamma'=\gamma_{sat}-\gamma_w=9.4(\text{kN/m}^3)$$

基础底面以上土的加权平均重度为

$$\gamma'=\frac{17\times2.1+18.6\times1.1+9.4\times1}{4.2}=15.6(\text{kN/m}^3)$$

查表 3-3，得 $\eta_b=0.3$，$\eta_d=1.6$，将各指标值代入式(3-9)，得

$$\begin{aligned}f_a&=f_{ak}+\eta_b\gamma(b-3)+\eta_d\gamma_m(d-0.5)\\&=158+0.3\times9.4\times(6-3)+1.6\times15.6\times(4.2-0.5)\\&=258.8(\text{kPa})\end{aligned}$$

思考与练习

1. 何谓土的抗剪强度？何谓地基的承载力？它们有何关系？

2. 什么是地基临塑荷载、临界荷载、极限荷载？怎么用它们来确定地基容许承载力？

3. 什么是地基承载力特征值？怎样确定？

4. 某建筑物的箱形基础宽为 8.5 m，长为 20 m，埋深为 4 m，土层情况如图 3-10 所示。已知地下水水位线位于地表下 2 m 处，且已求得 $\eta_b=0.3$，$\eta_d=1.6$。求该黏土持力层深宽修正后的承载力特征值 f_a。

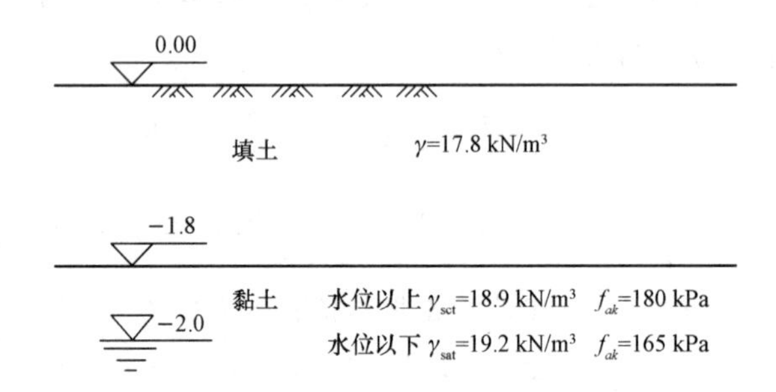

图 3-10 【习题 4】图

素质拓展

土抗剪强度与地基承载力的计算，关系到上部建筑的安全问题，本模块通过引入加拿大 Transcona 谷仓倾倒的案例，详细分析事故产生的原因及勘察设计需要改进的地方，进一步强调了作为本专业从业者，应树立规范意识和质量安全意识，遵守并深入理解行业的相关法律规范。

模块4 浅基础设计与施工图识读

建筑物由上部结构和下部结构两部分组成。下部结构是指埋置于地下的部分，也就是基础。基础可分为浅基础和深基础，通常按照基础的埋置深度和施工方法来进行划分：埋深小于5 m，用普通基坑开挖和排水方法修建的基础为浅基础，如普通多层砌体房屋的条形基础、高层建筑的箱形基础；埋深大于5 m，用特殊施工方法进行施工的基础为深基础，如桩基础、沉井等。浅基础与深基础没有明确界限，如箱形基础埋深就有可能大于5 m。

浅基础一般做成扩展基础的形式。扩展基础的做法是向侧边扩展一定底面积，以使上部结构传来的荷载传递到基础底面时其压应力等于或小于地基土的允许承载力，而基础内部的应力应同时满足材料本身的强度要求。这种起到压力扩散作用的基础，称为扩展基础。

4.1 基础设计的要求与步骤

1. 一般设计要求

基础在上部结构传来的荷载及地基反力作用下产生内力；同时，地基在基底压力作用下产生附加应力和变形。因此，基础设计不仅要使基础本身满足强度、刚度和耐久性的要求，还要满足地基对承载力和变形的要求，即地基应具有足够的强度和稳定性，并不产生过大的沉降和不均匀沉降。基础设计既要保证基础本身安全，还要保证地基的安全，因此，基础设计又统称为地基基础设计。

(1)地基承载力设计要求。在对建筑物进行基础设计时，要求基底压力满足下列要求：

当轴心荷载作用时，应满足

$$p_k \leqslant f_a \tag{4-1}$$

当有偏心荷载作用时，除应满足式(4-1)要求外，还需要满足

$$p_{k\max} \leqslant 1.2f_a \tag{4-2}$$

式中 p_k ——相应于荷载效应标准组合时，基础底面处的平均压力值(kPa)；

$p_{k\max}$——相应于荷载效应标准组合时，基础底面边缘的最大压力值(kPa)；

f_a ——修正后的地基持力层承载力特征值(kPa)。

(2)地基变形设计要求。建筑物的地基变形计算值，不应大于地基变形允许值，即

$$s \leqslant [s] \tag{4-3}$$

式中 s——建筑物的地基变形计算值(地基最终变形量)；

$[s]$——建筑物的地基变形允许值，按《建筑地基基础设计规范》(GB 50007—2011)规定采用。

设计等级为甲级、乙级的建筑物，均应按地基变形设计，设计等级为丙级的建筑物，应按照《建筑地基基础设计规范》(GB 50007—2011)所规定的情况作变形验算；对经常受水平荷载作用的高层建筑、高耸结构和挡土墙等，以及建造在斜坡上或边坡附近的建筑物和构筑物，还应验算其稳定性；基坑工程应进行稳定性验算；建筑地下室或地下构筑物存在上浮问题时，还应进行抗浮验算。

(3)基础本身强度、刚度和耐久性的要求。基础是埋入土层一定深度的建筑物下部的承重结构，其作用是承受上部荷载，并将荷载传递到下部地基土层中。因此，基础结构本身应具有足够的强度和刚度，在地基反力作用下不会产生过大强度破坏，并具有改善沉降与不均匀沉降的能力。

2. 天然地基上浅基础设计步骤

(1)选择基础的材料和类型；

(2)确定基础的埋置深度；

(3)确定地基土的承载力特征值；

(4)确定基础的底面尺寸；

(5)必要时进行地基变形与稳定性验算；

(6)进行基础结构设计(进行内力分析、截面计算以满足构造要求，确定基础剖面尺寸、基础配筋等)；

(7)绘制基础施工图，提出施工说明。

注：①若地基持力层下部存在软弱土层，须验算软弱下卧层的承载力。②甲级、乙级建筑物及部分丙级建筑物，还应在承载力计算的基础上进行变形验算。③对建于斜坡上的建筑物和构筑物及经常承受较大水平荷载的高层建筑和高耸结构，进行地基稳定性验算。④还要绘制施工图，编制施工技术说明书。

在上述设计内容与步骤中，第(1)～(3)步如有不满足要求的情况，须对基础设计进行调整，如改变基础埋深、加大基础底面尺寸或改变基础类型和结构等，直至满足要求为止。

4.2 浅基础的类型

1. 按基础材料分类

常用的基础材料有砖、毛石、灰土、三合土、混凝土和钢筋混凝土等。下面简单介绍这些基础的性能和适应性。

(1)砖基础。砖砌体具有一定的抗压强度，但抗拉强度和抗剪强度低。砖基础所用的砖，强度等级不低于 MU10，砂浆强度等级不低于 M5。在砖基础底面以下，一般应先做 100 mm 厚的 C10 混凝土垫层，每边伸出砖基底 50 mm。砖基础的剖面一般做成阶梯形，俗称大放脚。大放脚从垫层上开始砌筑，砌法有两种：一种是两皮一收法，即每砌两皮砖，收进 1/4 砖长(60 mm)，如此反复；另一种是二一间隔法，即砌两皮收进 1/4 砖长再砌一皮，如此反复，但二一间隔法砌筑必须保证基底是两皮砖，如图 4-1 所示。砖基础取材容易，应用广泛，一般可用于 6 层及 6 层以下的民用建筑和砖墙承重的厂房。

视频：浅基础的概念和分类

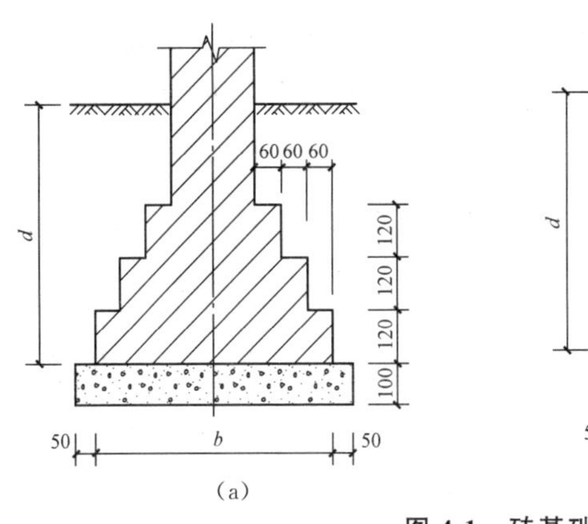

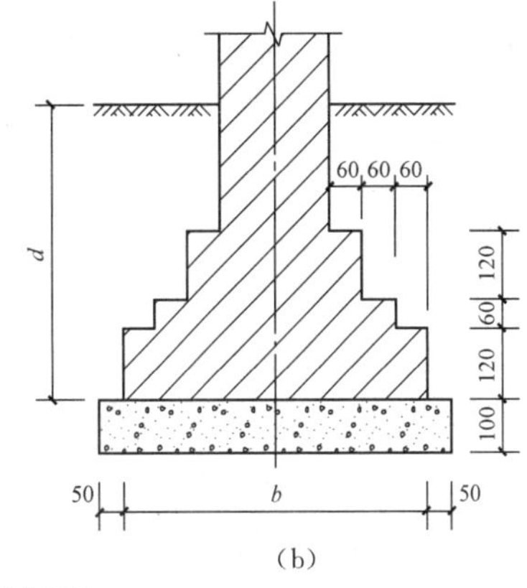

图 4-1　砖基础

(a)两皮一收；(b)二一间隔

(2)毛石基础。毛石是指未加工的石材。毛石基础采用未风化的硬质岩石，禁用风化毛石，砂浆强度等级不低于 M5。毛石基础的剖面常做成阶梯形，每阶伸出宽度不宜大于 200 mm，每级台阶高度不宜小于 400 mm，如图 4-2 所示。

(3)灰土基础。为了节约砖石材料，常在砖石大放脚下面做一层灰土垫层，这个垫层习惯上称为灰土基础。灰土是经过熟化后的石灰粉和黏性土按一定比例加适量水拌和夯实而成的，铺在基槽内分层夯实，每层虚铺 200～250 mm，夯实至 150 mm。灰土配合比一般为 3∶7，即 3 份石灰粉掺入 7 份黏性土(体积比)，通常称为三七灰土。

灰土基础适用于 5 层和 5 层以下、土层比较干燥、地下水水位较低的民用建筑，如图 4-3 所示。

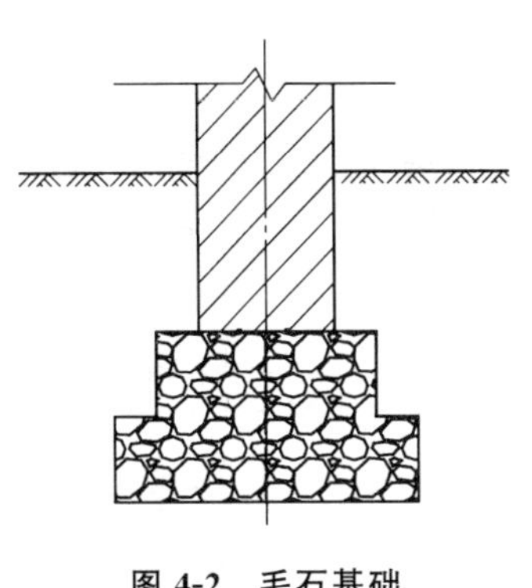

图 4-2　毛石基础

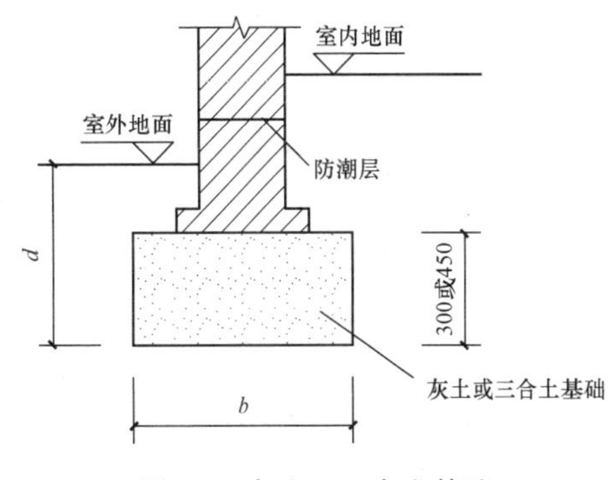

图 4-3　灰土、三合土基础

(4)三合土基础。三合土是由石灰、砂和骨料(碎石、碎砖或矿渣等)按体积比 1∶2∶4～1∶3∶6 配制而成，经适量水拌和后均匀铺入槽内，并分层夯实而成(每层虚铺 220 mm，夯实至150 mm)。三合土基础的优点是施工简单、造价低，但其强度较低，故一般用于地下水水位较低的 4 层及 4 层以下的民用建筑，在我国南方地区应用较为广泛，如图 4-3 所示。

(5)混凝土和毛石混凝土基础。混凝土基础的强度、耐久性、抗冻性都较好，当荷载大或位于地下水水位以下时，常采用混凝土基础。由于其水泥用量较大，故造价较砖、石基础高，为减少水泥用量，可掺入基础体积 20%～30%的毛石，做成毛石混凝土基础。

(6)钢筋混凝土基础。钢筋混凝土基础的强度、耐久性、整体性和抗冻性均很好，因为钢筋抗拉强度较高，常用钢筋承受弯矩引起的拉应力，所以钢筋混凝土基础具有较好的抗弯性能。常用于荷载较大、地基均匀性较差及基础位于地下水水位以下时的墙柱基础。

除钢筋混凝土基础外，上述其他各种基础均属于无筋扩展基础。无筋扩展基础所用的材料抗压强度较高，但抗拉、抗剪强度较低。为了使基础内产生的拉应力和剪应力不大，需通过限制基础的外伸宽度与基础高度的比值(即限制刚性角 α，$\tan\alpha = b_2/H_0$)，从而使基础的外伸宽度 b_2 相对减少，基础的高度相对增加，这样可以减小基础底面的拉应力和剪应力。习惯上将这种受到刚性角 α 限制的无筋基础称为刚性基础，如图 4-4 所示。

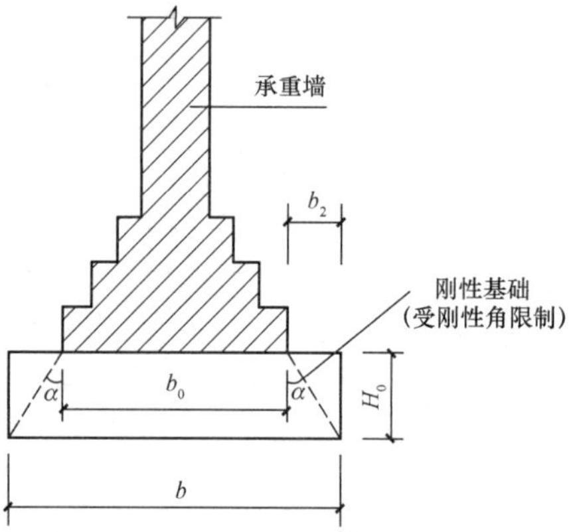

图 4-4　刚性基础和刚性角

2. 按结构类型分类(配筋基础)

(1)独立基础。独立基础一般用于工业厂房柱基、民用框架结构基础，以及烟囱、水塔、高炉等构筑物的基础，独立基础之间一般无任何构件相连接(除基础连系梁外)，所以称为独立基础，如图 4-5 所示。有时也在墙下采用独立基础，如在膨胀土地基上的墙基础，为不使膨胀土地基吸水膨胀产生的膨胀力传到过梁与墙体上，以避免墙体开裂，常在墙下设置钢筋混凝土过梁以支承墙体，过梁下采用独立基础，如图 4-6 所示。在膨胀土地基上的过梁要高出地面。

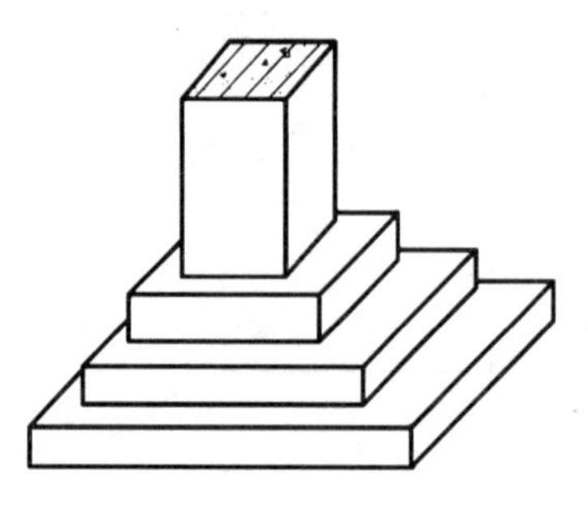

图 4-5　柱下独立基础

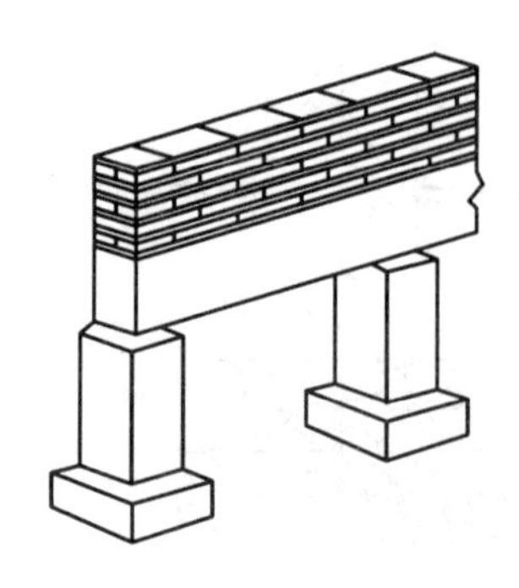

图 4-6　墙下独立基础

独立基础可分为阶形基础、锥形基础、杯口基础 3 种，如图 4-7 所示。阶形基础、锥形基础一般用于现浇柱下独立基础；杯口基础用于预制柱，常用于装配式单层工业厂房。

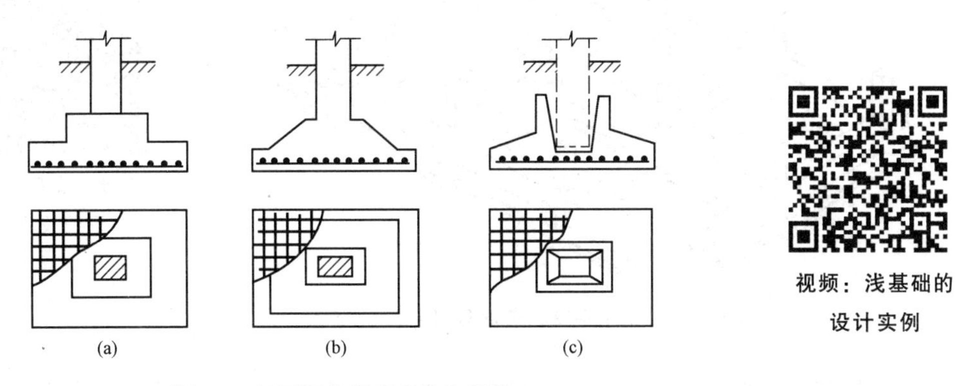

视频：浅基础的设计实例

图 4-7 柱下钢筋混凝土独立基础

(a)阶形基础；(b)锥形基础；(c)杯口基础

(2)条形基础。当荷载很大或地基土层软弱时，如采用柱下钢筋混凝土独立基础，基础底面积必然很大且相互靠近，为增加基础的整体性并方便施工，可将同一排的柱基础连接在一起做成条形基础。

条形基础一般是指基础的长与宽之比大于 10 的基础。条形基础有墙下条形基础(图 4-8)和柱下条形基础(图 4-9)两种。墙下条形基础通常是砌体结构房屋的基础。

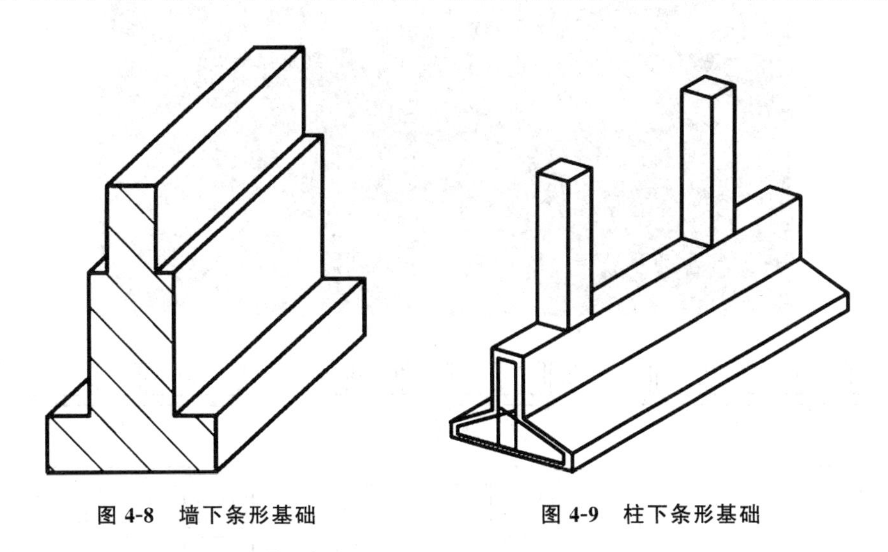

图 4-8 墙下条形基础　　图 4-9 柱下条形基础

当柱下条形基础上部荷载较大或地基土很软，在基础纵横两个方向柱荷载的分布很不均匀时，需要同时从两个方向调整地基的不均匀沉降，还要扩大基础底面面积，可布置纵横两向相交的柱下条形基础，这种基础称为十字交叉条形基础，如图 4-10 所示。

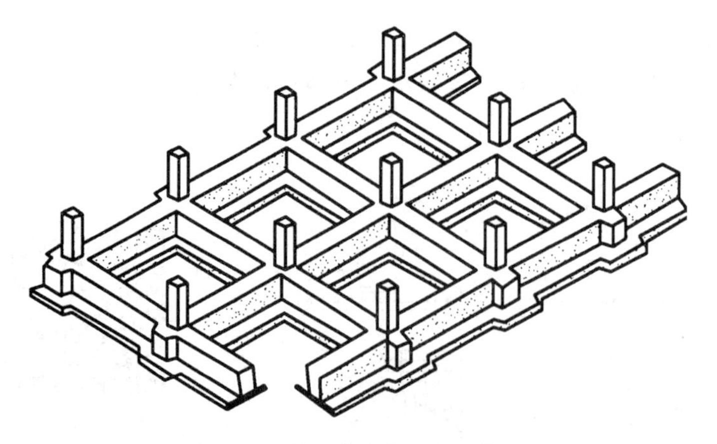

视频：浅基础的识图技巧

图 4-10　柱下十字交叉条形基础

(3)筏形基础。当地基土软弱而上部结构的荷载又很大时，采用十字形基础仍不能满足要求或相邻基槽距离很小时，可采用钢筋混凝土做成整块的筏形基础，以扩大基底面积，增强基础的整体刚度。筏形基础可分为平板式[图 4-11(a)]、下梁式[图 4-11(b)]和上梁式[图 4-11(c)]。

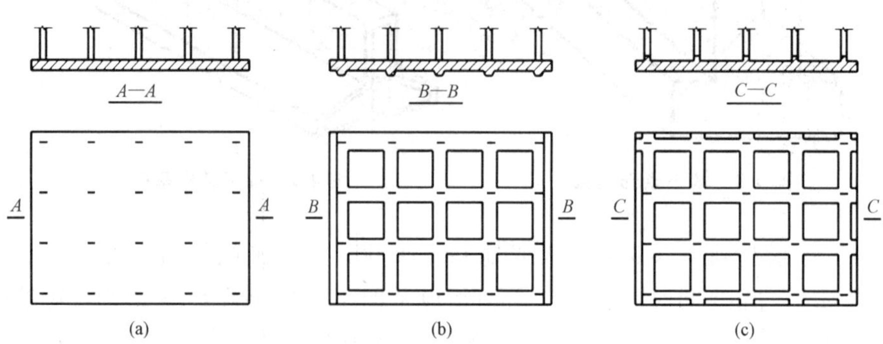

图 4-11　筏形基础

(a)平板式；(b)下梁式；(c)上梁式

(4)箱形基础。箱形基础由筏形基础演变而成，它是由钢筋混凝土顶板、底板和纵横交叉的隔墙组成的空间整体结构(图 4-12)。箱形基础的刚度大、整体性好，并可利用其中空部分作为停车场、地下商场、人防、储藏室、设备层和污水处理室等。

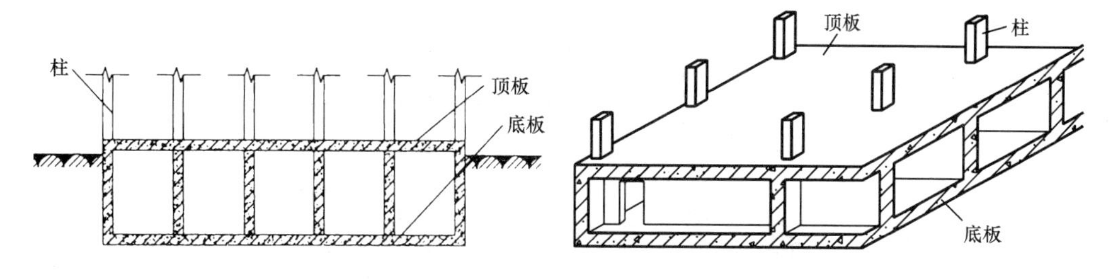

图 4-12　箱形基础

上述基础都属于钢筋混凝土基础，它们利用钢筋来承受拉应力，使基础底部能够承受较大的弯矩。此时，基础不再受刚性角的限制，故称为非刚性基础或柔性基础，如图 4-13 所示。

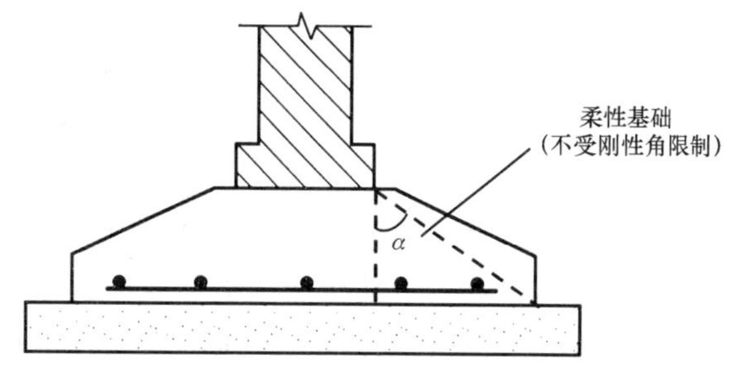

图 4-13　柔性基础

4.3　基础埋置深度的确定

基础埋深(基础埋置深度)是指从室外设计地坪至基础底面的垂直距离，如图 4-14 所示。确定基础埋置深度时，必须综合考虑与建筑物及场地环境有关的条件、工程地质条件、水文地质条件及地基冻融条件等因素。

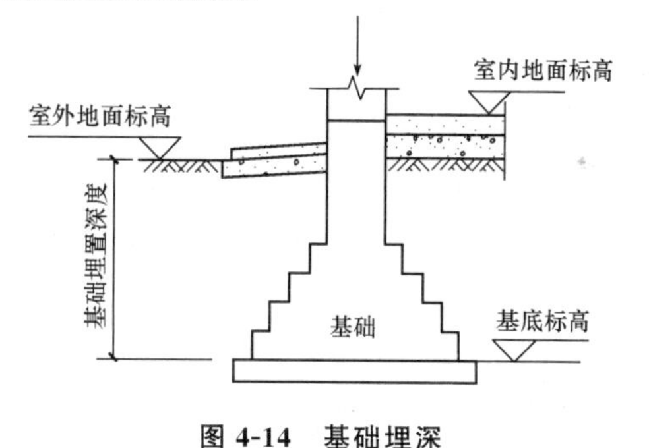

图 4-14　基础埋深

4.3.1　与建筑物及场地环境有关的条件

与建筑物有关的条件包括建筑物用途、类型、规模与性质等。如具有地下室或半地下室的建筑物，其基础埋深必须结合建筑物地下部分的设计标高来选定。如果在基础影响范围内有管道或坑、沟等地下设施通过，基础的埋深原则上应低于这些设施的底面；否则，应采取有效措施，消除基础对地下设施的不利影响。

与场地环境有关的条件包括以下几项：

(1)为了保护基础不受人类和生物活动的影响，基础应埋置在地表以下，其最小埋置深度为 0.5 m，且基础顶面至少应低于设计地面 0.1 m；同时，又要便于建筑物周围排水的布置。

(2)新、旧基础之间应保留一定的净距，一般取相邻两基础底面高差的 1～2 倍，即 $L \geqslant (1 \sim 2)\Delta H$（图 4-15）。

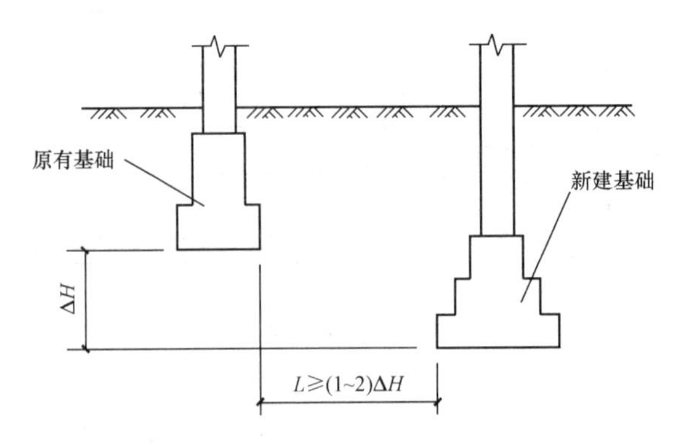

图 4-15　相邻基础的埋深

不能满足上述要求时，应采取分段施工，设临时加固支撑、打板桩、地下连续墙等施工措施，或加固原有建筑物地基，以保证邻近原有建筑物的安全。

如果基础邻近有管道或沟、坑等设施时，基础底面一般应低于这些设施的底面。临水建筑物，为防止流水或波浪的冲刷，其基础底面应位于冲刷线以下。

4.3.2　工程地质条件

工程地质条件往往对基础设计方案起着决定性的作用，应当选择地基承载力高的坚实土层作为地基持力层，由此确定基础的埋置深度。

当上层地基的承载力大于下层土的承载力时，宜选用上层土为持力层，以减小基础的埋深。

当上层地基的承载力小于下层土的承载力时，如果取下层土为持力层，所需的基础底面积较小，但埋深较大；如果取上层土为持力层，情况正好相反。这就要根据岩土工程勘察成果报告的地质剖面图，分析各土层的深度、层厚、地基承载力大小与压缩性高低，结合上部结构情况进行技术与经济比较，来确定最佳的基础埋深方案。

4.3.3　水文地质条件

如果存在地下水，且对基础具有侵蚀性，应采取防止基础受侵蚀破坏的措施。地下水对地基强度和土层冻胀都有很大影响，若水中含有酸、碱性杂质，对基础还有腐蚀作用，因此，一般房屋应该尽量避免将基础底面设置在地下水中，应将基础埋在地下水水位以上，以避免地下水对基坑开挖、基础施工及使用期间的影响，如图 4-16 所示。当基础必须埋在地下水水位以下时，应考虑施工期间的基坑降水、坑壁支撑及是否会产生流砂、涌水等现象，须采取必要的施工措施，保护地基土不受扰动。地下水有常年最高水位和最低水位，一般应考虑将基础埋于常年最高水位以上不小于 200 mm 处。当地下水水位较高，基础不能埋置在地下水水位以上时，宜将基础埋置在常年最低水位以下不少于 200 mm 处。对位于江河岸边的基础，其埋深应考虑流水的冲刷作用，施工时宜采取相应的保护措施。

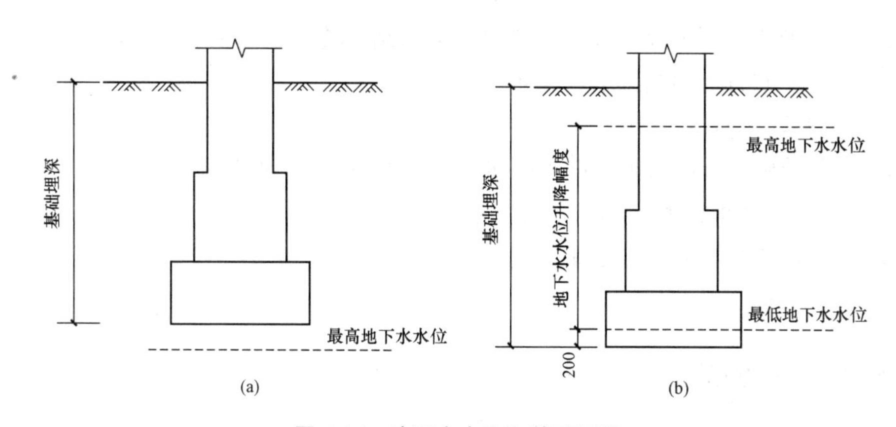

图 4-16　地下水水位和基础埋深

(a)地下水水位较低时基础埋置位置；(b)地下水水位较高时基础埋置位置

4.3.4　地基冻融条件

土体中水冻结后，发生体积膨胀，而产生冻胀。如果基础下面存在冻胀土，则在其冻胀时基础会被上抬，而解冻时又发生融陷，这往往会对建筑物造成破坏。

因此，为避开冻胀区土层的影响，基础底面宜设置在冻结线以下或在其下留有少量冻土层，以使其不足以给上部结构造成危害。《建筑地基基础设计规范》(GB 50007—2011)规定，基础的最小埋深为

$$d_{\min} = z_d - h_{\max} \tag{4-4}$$

式中　z_d ——设计冻深；

$h_{\max}$ ——基础底面允许冻土层最大厚度(m)。

4.4　基础底面尺寸的确定

在设计浅基础时，一般先确定基础的埋置深度，选定地基持力层并求出地基承载力特征值 f_a ，然后根据上部荷载和 f_a 确定基础底面尺寸。

4.4.1 中心荷载作用下基础底面积的确定

中心荷载作用下，基础通常对称布置，基底压力 p_k 假定均匀分布，按下列公式计算：

$$p_k = \frac{F_k + G_k}{A} = \frac{F_k}{A} + \gamma_G \bar{d} \tag{4-5}$$

式中 F_k ——相应于荷载效应标准组合时，上部结构传至基础顶面处的竖向力(kN)；

G_k ——基础自重和基础上覆土重(kN)；

A——基础底面面积(m^2)；

γ_G ——基础和基础上覆土的平均重度，通常取 $\gamma_G = 20\ kN/m^3$；

$\bar{d}$ ——基础的平均埋深(m)，$\bar{d} = (d + d')/2$ 。

由式(4-1)持力层承载力的要求，得

$$\frac{F_k}{A} + \gamma_G \bar{d} \leqslant f_a$$

由此可得矩形基础底面面积为

$$A \geqslant \frac{F_k}{f_a - \gamma_G \bar{d}} \tag{4-6}$$

对于条形基础，可沿基础长度的方向取单位长度(取 $l = 1$ m)进行计算，荷载同样是单位长度上的荷载，则基础宽度

$$b \times l \geqslant \frac{F_k}{f_a - \gamma_G \bar{d}} \tag{4-7}$$

式(4-6)和式(4-7)中的地基承载力特征值，在基础底面未确定以前可先只考虑深度修正，初步确定基底尺寸以后，再将宽度修正项加上，重新确定承载力特征值。直至设计出最佳基础底面尺寸。

4.4.2 偏心荷载作用下基础底面积的确定

对于偏心荷载作用下的基础底面尺寸，常采用试算法确定。其计算方法如下：

(1)先按中心荷载作用条件，利用式(4-6)或式(4-7)初步估算基础底面尺寸；

(2)根据偏心程度，将基础底面积扩大 10%～40%，并以适当的比例确定矩形基础的长 l 和宽 b，一般取 $l/b = 1 \sim 2$；

(3)计算基底平均压力和基底最大压力，并使其满足式 $p_k \leqslant f_a$ 和 $p_{k\max} \leqslant 1.2 f_a$ 。

这一计算过程可能要经过几次试算，方能确定合适的基础底面尺寸。

若持力层下有相对软弱的下卧土层，还须对软弱下卧层进行强度验算。

如果建筑物有变形验算要求，应进行变形验算。承受水平力较大的高层建筑和不利于稳定的地基上的结构，还须进行稳定性验算。

4.4.3 软弱下卧层承载力验算

在地基受力范围内，如果在持力层下存在承载力明显低于持力层承载力的高压缩性土层，还必须对软弱下卧层的承载力进行验算。

要求作用在软弱下卧层顶面处的附加应力和自重应力之和不超过下卧层顶面处经深度修正后的地基承载力特征值，即

$$p_z + p_c \leqslant f_{az} \tag{4-8}$$

式中 p_z——相应于荷载效应标准组合时，软弱下卧层顶面处的附加压力值(kPa)；

p_c——软弱下卧层顶面处的自重压力值(kPa)；

f_{az}——软弱下卧层顶面处经深度修正后的地基承载力特征值(kPa)。

关于附加压力值 p_z 的计算，《建筑地基基础设计规范》(GB 50007—2011)采用应力扩散简化计算方法。当持力层与下卧层的压缩模量比值 $E_{s1}/E_{s2} \geqslant 3$ 时，对于矩形或条形基础，可按压力扩散角的概念计算。如图 4-17 所示，假设基底附加压力($p_0 = p - p_c$)按某一角度 θ 向下传递。

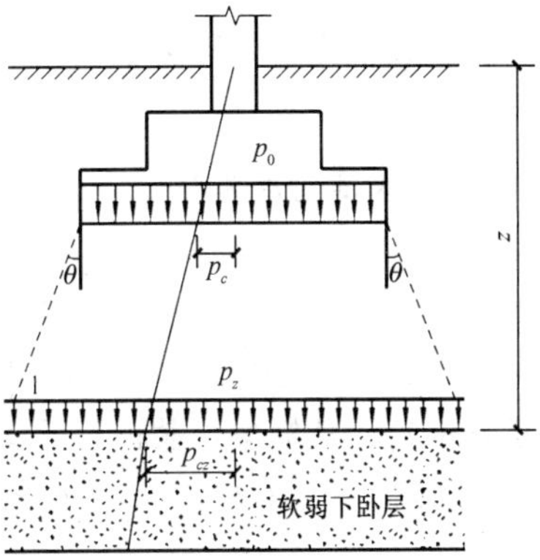

图 4-17 软弱下卧层顶面处的附加压力

根据基底扩散面积上的总附加压力相等的条件，可得软弱下卧层顶面处的附加压力：

矩形基础

$$p_z = \frac{lb(p - p_c)}{(b + 2z\tan\theta)(l + 2z\tan\theta)} \tag{4-9}$$

条形基础仅考虑宽度方向的扩散，并沿基础纵向取单位长度为计算单元，于是可得

$$p_z = \frac{b(p - p_c)}{b + 2z\tan\theta} \tag{4-10}$$

式中 l，b——分别为矩形基础底面的长度和宽度(m)；

p_c——基础底面处土自重压力(kPa)；

z——基础底面到软弱下卧层顶面的距离(m)；

θ——地基压力扩散线与垂直线的夹角，可按表 4-1 取值。

表 4-1 地基压力扩散角 θ 值

E_{s1}/E_{s2}	z/b	
	0.25	0.5
3	6°	23°
5	10°	25°
10	20°	30°

注：1. E_{s1} 为上层土压缩模量；E_{s2} 为下层土压缩模量。

2. $z/b < 0.25$ 时取 $\theta = 0°$，必要时，宜由试验确定；$z/b > 0.50$ 时 θ 值不变

【例 4-1】 如图 4-18 所示为某教学楼外墙条形基础剖面图，基础埋深 $d=2$ m，室内外高差为 0.45 m，上部结构传至基础顶面的荷载标准值 $F_k=240$ kN/m，基础底面以上土的加权平均重度 $\gamma_m=18$ kN/m³，地基持力层为粉质黏土，$\eta_b=0.3$，$\eta_d=1.6$，地基承载力特征值 $f_{ak}=190$ kPa，试确定基础底面宽度。

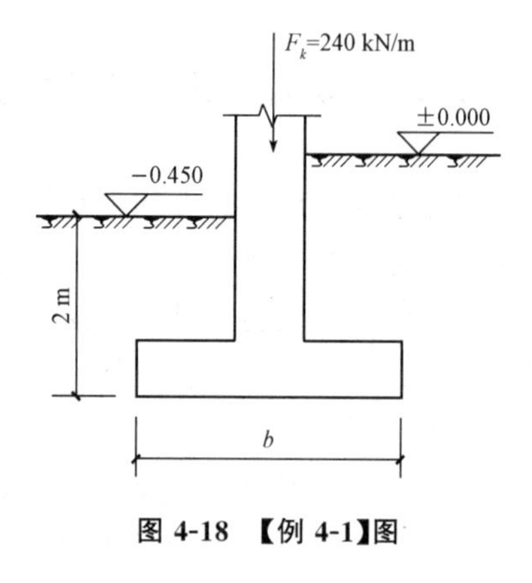

图 4-18 【例 4-1】图

【解】 (1)求修正后的地基承载力特征值。假定基础宽度 $b<3$ m，因埋深 $d>0.5$ m，所以，只进行地基承载力深度修正。

$$f_a=f_{ak}+\eta_d\gamma_m(d-0.5)=190+1.6\times18\times(2-0.5)=233.2(\text{kPa})$$

(2)求基础宽度。因室内外高差为 0.45 m，可知

$$\bar{d}=(2+2.45)/2=2.23\ (\text{m})$$

所以，基础宽度为

$$b\geqslant\frac{F_k}{f_a-\gamma_G\bar{d}}=\frac{240}{233.2-20\times2.23}=1.27\ (\text{m})$$

取 $b=1.3$ m，由于 $b<3$ m，与假定相符，最后取 $b=1.3$ m。

【例 4-2】 某框架柱截面尺寸为 400 mm×300 mm，传至室内外平均标高位置处竖向力标准值 $F_k=700$ kN，力矩标准值 $M_k=80$ kN·m，水平剪力标准值 $V_k=13$ kN；基础底面距室外地坪 $d=1.0$ m，基底以上填土重度 $\gamma_1=17.5$ kN/m³，持力层为黏性土，重度 $\gamma_2=18.5$ kN/m³，饱和重度 $\gamma_{sat}=19.6$ kN/m³，孔隙比 $e=0.7$，液性指数 $I_L=0.78$，地基承载力特征值 $f_{ak}=226$ kPa，持力层下为淤泥土(图 4-19)，试确定柱基础的底面尺寸。

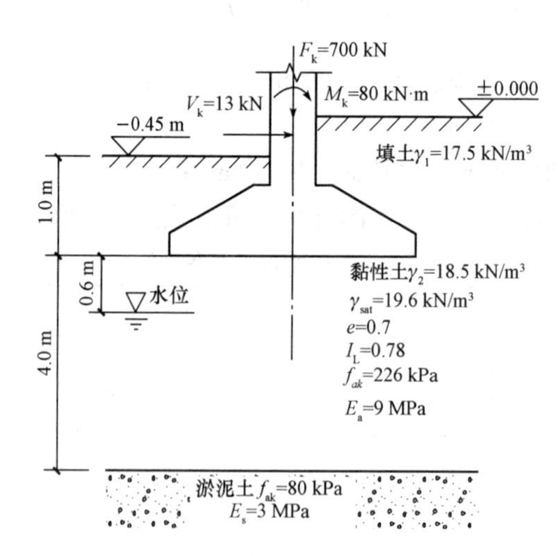

图 4-19 【例 4-2】图

【解】 (1)确定地基持力层承载力：先不考虑承载力宽度修正项，由 $e=0.7$，$I_L=0.78$，查表 3-3 得承载力修正系数 $\eta_b=0.3$，$\eta_d=1.6$，则

$$\begin{aligned}f_a &= f_{ak}+\eta_b\gamma(b-3)+\eta_d\gamma_m(d-0.5)\\&=226+0+1.6\times17.5\times(1.0-0.5)\\&=240(\text{kPa})\end{aligned}$$

(2) 用试算法确定基底尺寸。

1) 先不考虑偏心荷载，按中心荷载作用计算。

$$A_0=\frac{F_k}{f_a-\gamma_G\bar{d}}=3.25(\text{m}^2)$$

2)考虑偏心荷载时，面积扩大为 $A=1.2A_0=1.2\times3.25=3.90(\text{m}^2)$。取基础长度 l 和基础宽度 b 之比为 $l/b=1.5$，取 $b=1.6$ m，$l=2.4$ m，$l\times b=3.84$ (m^2)。这里偏心荷载作用于长边方向。

3) 验算持力层承载力：因 $b=1.6$ m<3 m，不考虑宽度修正，f_a 值不变。

基底压力平均值为

$$\begin{aligned}p_k &= \frac{F_k}{lb}+\gamma_G\bar{d}\\&=\frac{700}{1.6\times2.4}+20\times1.225\\&=206.8(\text{kPa})\end{aligned}$$

基底压力最大值为

$$\begin{aligned}p_{k\max} &= p_k+\frac{M_k}{W}\\&=206.8+\frac{(80+13\times1.225)\times6}{2.4^2\times1.6}\\&=206.8+62.5\\&=269.3(\text{kPa})\end{aligned}$$

$$1.2f_a=288\ \text{kPa}$$

由结果可知，$p_k<f_a$，$p_{k\max}<1.2f_a$，满足要求。

(3)软弱下卧层承载力验算：由 $E_{s1}/E_{s2}=3$，$z/b=4/1.6=2.5>0.5$，查表 3-3 和表 4-1 可知，$\theta=23°$，淤泥地基承载力修正系数 $\eta_b=0$，$\eta_d=1.0$。

软弱下卧层顶面处的附加压力为

$$\begin{aligned}p_z &= \frac{lb(p_k-p_c)}{(b+2z\tan\theta)(l+2z\tan\theta)}\\&=\frac{2.4\times1.6\times(206.7-17.5\times10)}{(1.6+2\times4\times\tan23°)(2.4+2\times4\times\tan23°)}\\&=4.3(\text{kPa})\end{aligned}$$

软弱下卧层顶面处的自重压力为

$$\begin{aligned}p_{cz} &= \gamma_1 d+\gamma_2 h_1+\gamma' h_2\\&=17.5\times1+18.5\times0.6+(19.6-10)\times3.4\\&=61.2(\text{kPa})\end{aligned}$$

软弱下卧层顶面处的地基承载力修正特征值为

$$f_{az}=f_{akz}+\eta_d\gamma_m(d+0.5)$$

$$=80+1.0\times\frac{17.5\times1+18.5\times0.6+9.6\times3.4}{5}\times(5-0.5)$$

$$=135.1(\text{kPa})$$

由计算结果可得 $p_{cz}+p_z=61.2+4.3=65.5(\text{kPa})<f_{az}$，满足要求。

4.5 无筋扩展基础设计

无筋扩展基础的设计主要是确定基础的尺寸(即基础底面积、基础高度等)。基础底面积的确定前面已讲过，基础高度的确定要从如何减少基础内的拉应力和剪应力考虑，一般通过限制基础的外伸宽度与基础高度的比值(即受到刚性角限制，刚性角指从基础底角引出到墙边或柱边的斜线与铅垂线的最大夹角 α)，使基础台阶的宽高比(b_2/H_0)小于等于台阶宽高比的允许值[b_2/H_0]，见表 4-2。

$$H_0\geqslant\frac{b-b_0}{2\tan\alpha}\tag{4-11}$$

式中 b——基础底面宽度(m)；

b_0——基础顶面的墙体宽度或柱脚宽度(m)；

H_0——基础高度(m)；

$\tan\alpha$——基础台阶宽高比；b_2/H_0，其允许值可按表 4-2 选用；b_2为基础台阶宽度(m)。

表 4-2 无筋扩展基础台阶宽高比的允许值

基础材料	质量要求	台阶宽高比的允许值		
		$p_k\leqslant100$ kPa	100 kPa$<p_k\leqslant200$ kPa	200 kPa$<p_k\leqslant300$ kPa
混凝土基础	C15 混凝土	1∶1.00	1∶1.00	1∶1.25
毛石混凝土基础	C15 混凝土	1∶1.00	1∶1.25	1∶1.50
砖基础	砖不低于 MU10，砂浆不低于 M5	1∶1.50	1∶1.50	1∶1.50
毛石基础	砂浆不低于 M5	1∶1.25	1∶1.50	—
灰土基础	体积比为 3∶7 或 2∶8 的灰土，其最小干密度：粉土 1.55 t/m^3，粉质黏土 1.50 t/m^3，黏土 1.45 t/m^3	1∶1.25	1∶1.50	—

续表

基础材料	质量要求	台阶宽高比的允许值		
		p_k ≤100 kPa	100 kPa< p_k ≤200 kPa	200 kPa< p_k ≤300 kPa
三合土基础	体积比为 1∶2∶4～1∶3∶6(石灰∶砂∶骨料)，每层约虚铺 220 mm，夯实至 150 mm	1∶1.50	1∶2.00	—

注：1. p_k 为荷载效应标准组合时基础底面处的平均压力值(kPa)；
2. 阶梯形毛石基础的每阶伸出宽度，不宜大于 200 mm；
3. 当基础由不同材料叠加组成时，应对接触部分作抗压验算；
4. 基础底面处的平均压力值超过 300 kPa 的混凝土基础，还应进行抗剪验算

无筋扩展基础构造示意图如图 4-20 所示。

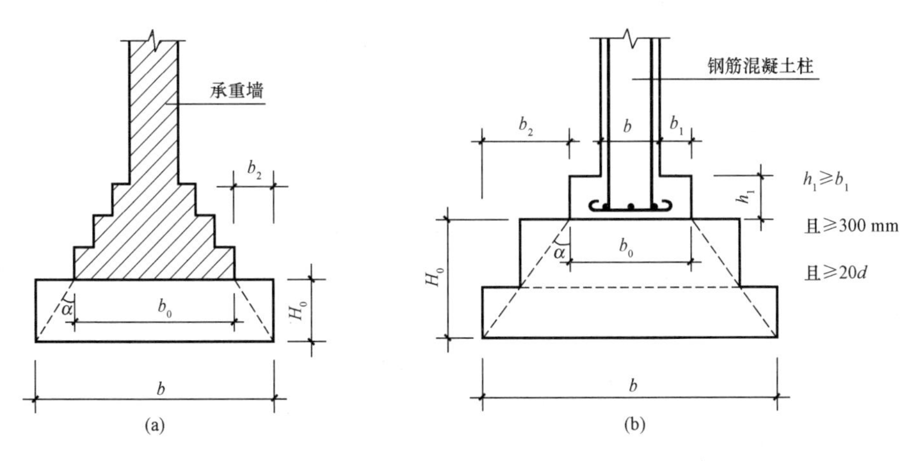

图 4-20 无筋扩展基础构造示意

(a)承重墙；(b)钢筋混凝土柱

【例 4-3】 某厂房柱断面尺寸为 600 mm×400 mm。基础受竖向荷载标准值 F_k = 780 kN，力矩标准值为 120 kN·m，水平荷载标准值 H = 40 kN，作用点位置在 ±0.000 处。地基土层剖面如图 4-21 所示。基础埋置深度为 1.8 m，试设计柱下无筋扩展基础。

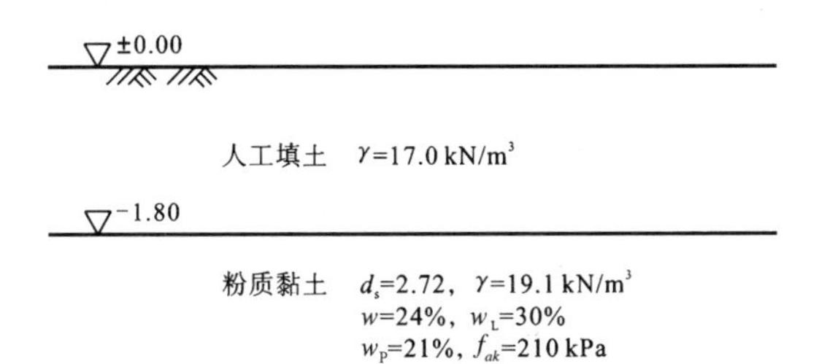

图 4-21 【例 4-3】图

【解】 (1)求地基承载力特征值。持力层为粉质黏土层。

$$I_L=\frac{w-w_P}{w_L-w_P}=\frac{0.24-0.21}{0.30-0.21}=0.33$$

$$e=\frac{d_s(1+w)\gamma_w}{\gamma}-1$$

$$=\frac{2.72\times(1+0.24)\times10}{19.1}-1$$

$$=0.766$$

查表 3-3 得 $\eta_b=0.3$，$\eta_d=1.6$，先考虑深度修正：

$$f_a=f_{ak}+0+\eta_d\gamma_m(d-0.5)$$

$$=210+1.6\times17\times(1.8-0.5)$$

$$=245.4(\text{kPa})$$

(2)按中心荷载作用计算：

$$A_0\geqslant\frac{F_k}{f_a-\gamma_G\bar{d}}=\frac{780}{245.4-20\times1.8}=3.73(\text{m}^2)$$

扩大至 $A=1.3A_0=4.85\ \text{m}^2$。

取 $l=1.5b$，则

$$b=\sqrt{\frac{A}{1.5}}=\sqrt{\frac{4.85}{1.5}}=1.8(\text{m})$$

$$l=1.5\times1.8=2.7(\text{m})$$

(3)地基承载力验算：基础宽度小于 3 m，不必再进行宽度修正。

基底压力平均值

$$p_k=\frac{F_k}{lb}+\gamma_G d=\frac{780}{2.7\times1.8}+20\times1.8=196.5(\text{kPa})$$

基底压力最大值

$$p_{k\max}=p_k+\frac{M_k}{W}$$

$$=196.5+\frac{(120+40\times1.8)\times6}{2.7^2\times1.8}$$

$$=196.5+87.8=284.3(\text{kPa})$$

$$1.2f_a=294.5(\text{kPa})$$

由结果可知 $p_k<f_a$，$p_{k\max}<1.2f_a$，满足要求。

(4)基础剖面设计：基础材料选用 C15 混凝土，查表 4-2 得台阶宽高比允许值 1∶1.0，则基础高度

$$h_1=(l-l_0)/2=(2.7-0.6)/2=1.05(\text{m})=1\ 050\ \text{mm}$$

$$h_2=(l-l_0)/2=(1.8-0.4)/2=0.7(\text{m})=700\ \text{mm}$$

取较大值，$h=1\ 050$ mm。

式中 l——基础长边；

l_0——柱子长边。

设计成 3 个台阶，长度方向每阶高宽均为 350 mm，宽度方向取每阶宽 240 mm，则宽度 $b=240\times6+400=1\ 840$ mm；基础剖面尺寸如图 4-22 所示。

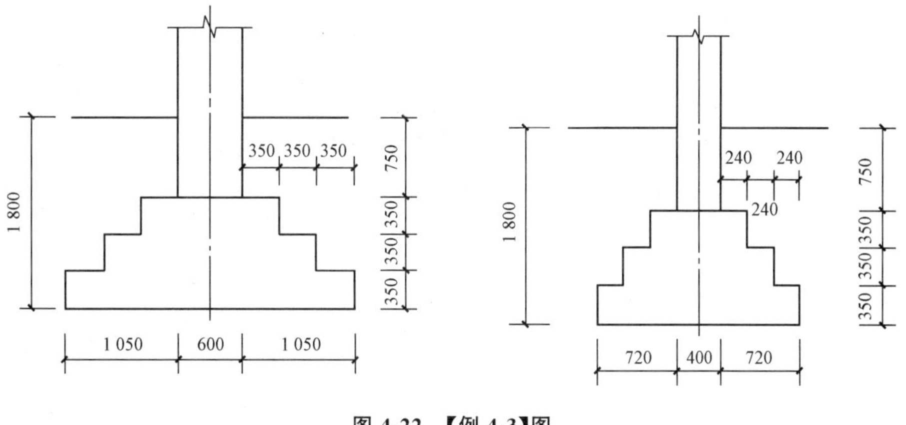

图 4-22 【例 4-3】图

4.6 扩展基础设计

扩展基础是指柱下钢筋混凝土独立基础和墙下钢筋混凝土条形基础。

4.6.1 扩展基础构造要求

(1)锥形基础的截面形式如图 4-23(a)所示。锥形基础的边缘高度不宜小于 200 mm，且两个方向的坡度不宜大于 1∶3。顶部做成平台，每边从柱边缘放出不少于 50 mm，以便于柱支模。阶形基础的每阶高度宜为 300～500 mm，如图 4-23(b)所示。

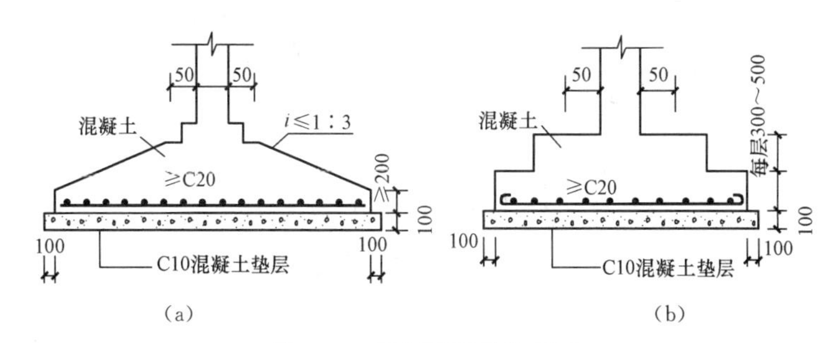

图 4-23 扩展基础构造示意

(a)锥形基础；(b)阶形基础

(2)垫层的厚度不宜小于 70 mm，垫层混凝土强度等级不宜低于 C10。

(3)扩展基础底板受力钢筋的最小直径不宜小于 10 mm，间距不宜大于 200 mm，也不宜小于 100 mm。墙下钢筋混凝土条形基础纵向分布钢筋的直径不宜小于 8 mm，间距不宜大于300 mm。当有垫层时钢筋保护层的厚度不宜小于 40 mm，无垫层时不宜小于 70 mm。

(4)混凝土强度等级不应低于 C20。

(5)柱下钢筋混凝土独立基础的边长和墙下钢筋混凝土条形基础的宽度大于或等于 2.5 m 时，底板受力钢筋的长度可取边长或宽度的 0.9 倍，并宜交错布置，如图 4-24 所示。

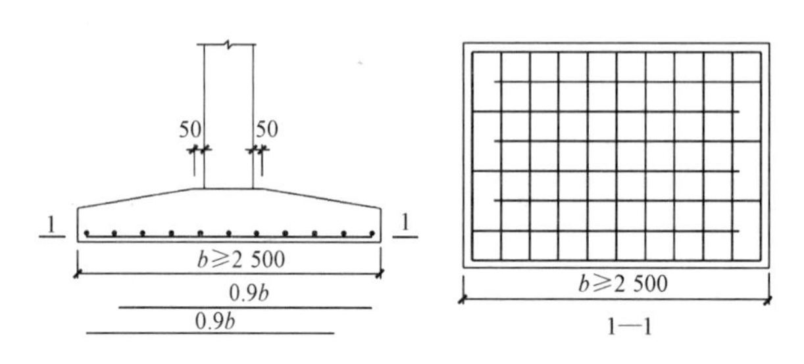

图 4-24　扩展基础底板受力钢筋布置示意

(6)钢筋混凝土条形基础底板在 T 形及十字形交接处，底板横向受力钢筋仅沿一个主要受力方向通长布置。另一方向的横向受力钢筋可布置到主要受力方向底板宽度 1/4 处，在拐角处底板横向受力钢筋应沿两个方向布置(图 4-25)。

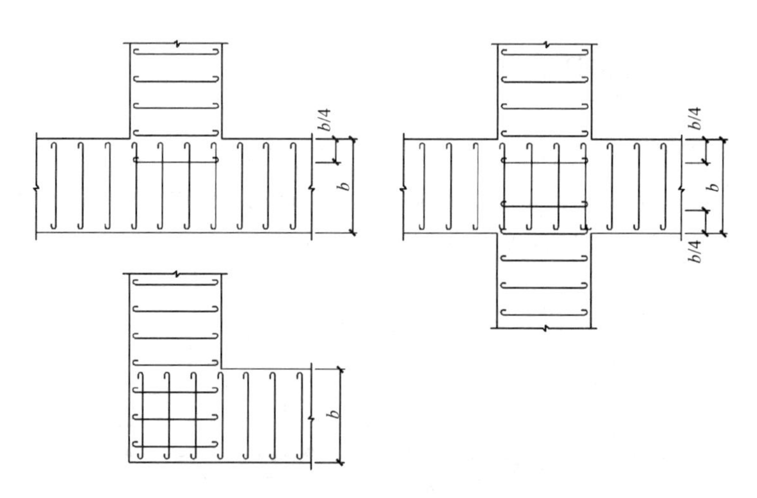

图 4-25　墙下条形基础纵横交叉处底板受力钢筋布置

(7)现浇柱的基础，其插筋的数量、直径及钢筋种类应与柱内纵向受力钢筋相同。插筋的锚固长度应满足《建筑地基基础设计规范》(GB 50007—2011)的规定，插筋与柱的纵向受力钢筋的连接方法，应符合现行国家标准《混凝土结构设计规范(2015 年版)》(GB 50010—2010)的有关规定。插筋的下端宜做成直钩放在基础底板钢筋网上。当符合下列条件之一时，可仅将四角的插筋伸至底板钢筋网上，其余插筋锚固在基础顶面下 l_a 或 l_{aE} 处（图 4-26）。

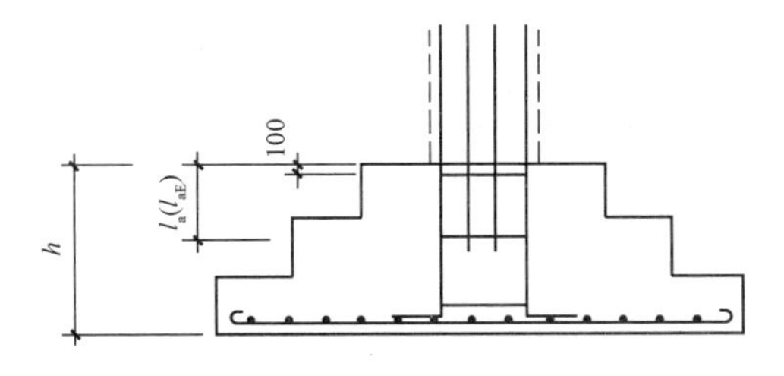

图 4-26　现浇柱的基础中插筋构造示意

1)柱为轴心受压或小偏心受压，基础高度大于等于 1 200 mm；

2)柱为大偏心受压，基础高度大于等于 1 400 mm。

4.6.2　扩展基础计算要求

1. 柱下钢筋混凝土独立基础的计算

柱下钢筋混凝土独立基础的计算，主要包括基础底面尺寸的确定、基础冲切承载力验算以及基础底板配筋计算。相关计算公式应按《建筑地基基础设计规范》(GB 50007—2011)的有关规定确定。

2. 墙下钢筋混凝土条形基础的计算

墙下钢筋混凝土条形基础的设计主要包括确定基础宽度、基础危险截面处的抗弯及抗剪验算。相关计算公式应按《建筑地基基础设计规范》(GB 50007—2011)的有关规定确定。

4.7　扩展基础施工图识读

基础施工图是建筑物地下部分承重结构的施工图，正确识读基础施工图需要掌握国家建筑标准设计图集《混凝土结构施工图平面整体表示方法制图规则和构造详图(独立基础、条形基础、筏形基础、桩基础)》(22G101—3)中的制图规则和构造详图。

4.7.1　独立基础平法施工图制图规则

1. 独立基础平法施工图的表示方法

独立基础平法施工图，有平面注写、截面注写和列表注写三种表达方式，设计者可根据具体工程情况选择一种，或将两种方式相结合进行独立基础的施工图设计。

2. 独立基础编号

各种独立基础编号见表 4-3。

表 4-3　独立基础编号

类型	基础底板截面形状	代号	序号
普通独立基础	阶形	DJj	××
	锥形	DJz	××
杯口独立基础	阶形	BJj	××
	锥形	BJz	××

3. 独立基础的平面注写方式

(1)独立基础的平面注写方式，分为集中标注和原位标注两部分内容，如图 4-27 所示。

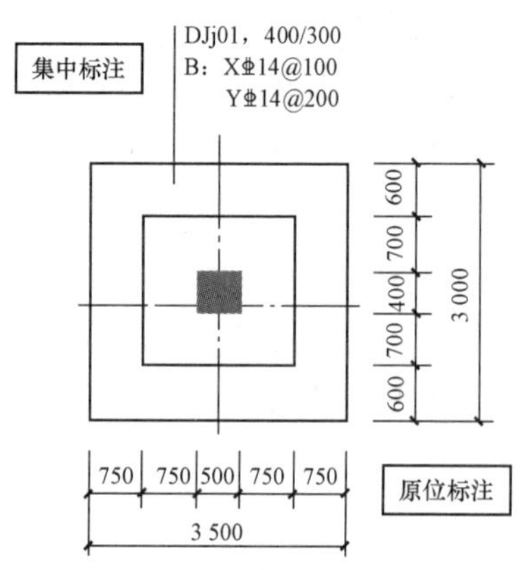

图 4-27　独立基础的平面注写方式

(2)普通独立基础和杯口独立基础的集中标注，是在基础平面图上集中引注：基础编号、截面竖向尺寸、配筋三项必注内容，以及基础底面标高(与基础底面基准标高不同时)和必要的文字注解两项选注内容。

素混凝土普通独立基础的集中标注，除无基础配筋内容外均与钢筋混凝土普通独立基础相同。

独立基础集中标注的具体内容规定如下：

1)注写独立基础编号(必注内容)，编号由代号和序号组成，应符合表 4-3 的规定。

2)注写独立基础截面竖向尺寸(必注内容)。

普通独立基础。注写 $h_1/h_2/\cdots\cdots$，具体标注如图 4-28 所示。

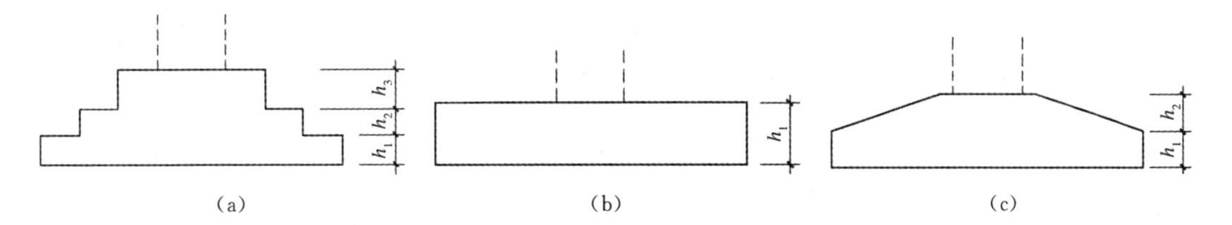

图 4-28　普通独立基础截面竖向尺寸

(a)阶形独立基础；(b)单阶独立基础；(c)锥形独立基础

【例】 当阶形截面普通独立基础 DJj××的竖向尺寸注写为 400/300/300 时，表示 $h_1=400$ mm、$h_2=300$ mm、$h_3=300$ mm，基础底板总高度为 1 000 mm，各阶尺寸自下而上用“/”分隔顺写。

3)注写独立基础配筋(必注内容)。

注写独立基础底板配筋。普通独立基础和杯口独立基础的底部双向配筋注写规定如下：

①以 B 代表各种独立基础底板的底部配筋。

②x 向配筋以 X 打头、y 向配筋以 Y 打头注写；当两向配筋相同时，则以 X&Y 打头注写。

【例】 当独立基础底板配筋标注为：B：X⌀16@150，Y⌀16@200，表示基础底板底部配置 HRB400 钢筋，x 向钢筋直径为 16 mm，间距为 150 mm；y 向钢筋直径为 16 mm，间距为 200 mm。示意图如图 4-29 所示。

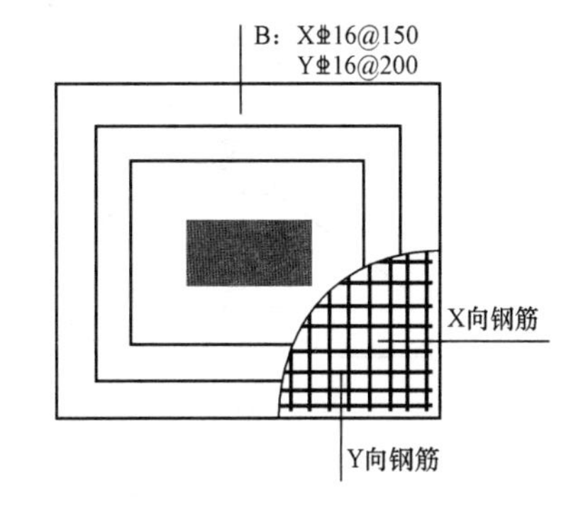

图 4-29　独立基础底板底部双向配筋示意

4)注写基础底面标高(选注内容)。当独立基础的底面标高与基础底面基准标高不同时，应将独立基础底面标高直接注写在“(　)”内。

5)必要的文字注解(选注内容)。当独立基础的设计有特殊要求时，宜增加必要的文字注解。例如，基础底板配筋长度是否采用减短方式等，可在该项内注明。

(3)独立基础的原位标注。钢筋混凝土和素混凝土独立基础的原位标注，是在基础平面布置图上标注独立基础的平面尺寸。对相同编号的基础，可选择一个进行原位标注；当平面图形较小时，可将所选定进行原位标注的基础按比例适当放大；其他相同编号者仅标注编号。

原位标注的具体内容规定如下：

1)普通独立基础。原位标注 x、y，x_i、y_i，$i=1$，2，3…。其中，x、y 为普通独立基础两向边长，x_i、y_i 为阶宽或锥形平面尺寸。

2)对称阶形截面普通独立基础的原位标注，如图 4-30 所示；非对称阶形截面普通独立基础的原位标注，如图 4-31 所示。

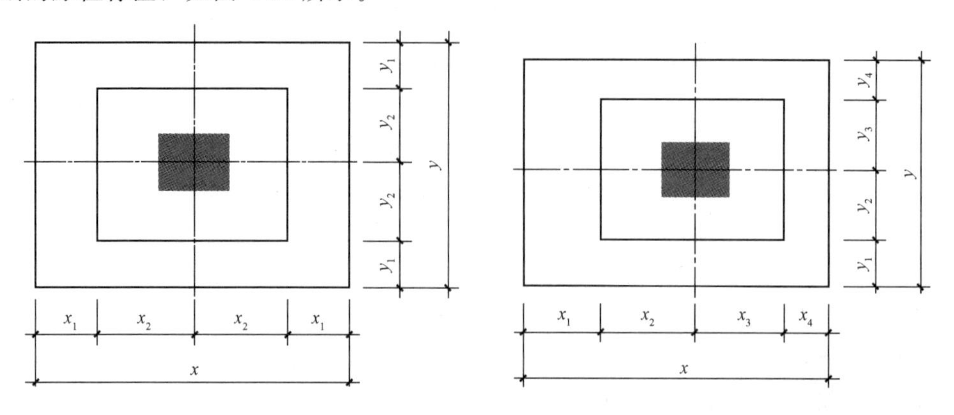

图 4-30　对称阶形截面普通独立基础原位标注　图 4-31　非对称阶形截面普通独立基础原位标注

3)对称锥形截面普通独立基础的原位标注，如图 4-32 所示；非对称锥形截面普通独立基础的原位标注，如图 4-33 所示。

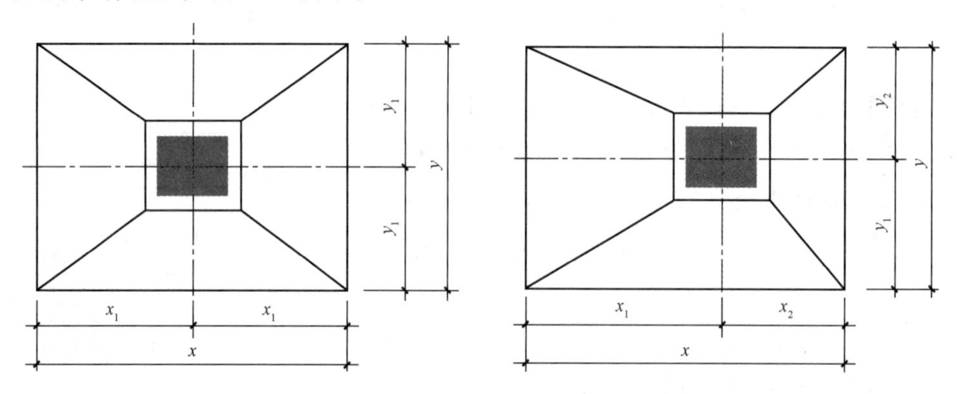

图 4-32　对称锥形截面普通独立基础原位标注　图 4-33　非对称锥形截面普通独立基础原位标注

(4)多柱独立基础的平法标注。独立基础通常为单柱独立基础，也可为多柱独立基础(双柱或四柱等)。多柱独立基础的编号、几何尺寸和配筋的标注方法与单柱独立基础相同。

当为双柱独立基础且柱距较小时，通常仅配置基础底部钢筋；当柱距较大时，除基础底部配筋外，还需在两柱间配置基础顶部钢筋或设置基础梁；当为四柱独立基础时，通常可设置两道平行的基础梁，需要时可在两道基础梁之间配置基础顶部钢筋。

多柱独立基础顶部配筋和基础梁的注写方法规定如下：

1)注写双柱独立基础底板顶部配筋。双柱独立基础的顶部配筋，通常对称分布在双柱中心线两侧。以大写字母“T”打头，注写为：双柱间纵向受力钢筋/分布钢筋。当纵向受力钢筋在基础底板顶面非满布时，应注明其总根数。

【例】 T：11Φ18@100/Φ10@200；表示独立基础顶部配置 HRB400 纵向受力钢筋，

直径为18 mm，设置 11 根，间距为 100 mm；配置 HPB300 分布筋，直径为 10 mm，间距为 200 mm。示意图如图 4-34 所示。

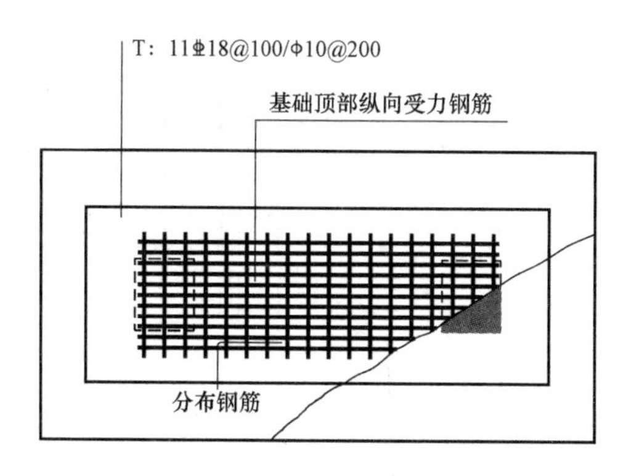

图 4-34　双柱独立基础顶部配筋示意

2)注写双柱独立基础的基础梁配筋。当双柱独立基础为基础底板与基础梁相结合时，注写基础梁的编号、几何尺寸和配筋。如 JL××(1)表示该基础梁为 1 跨，两端无外伸；JL××(1A)表示该基础梁为 1 跨，一端有外伸；JL××(1B)表示该基础梁为 1 跨，两端均有外伸。

基础梁的注写规定与条形基础的基础梁注写规定相同，注写示意如图 4-35 所示。

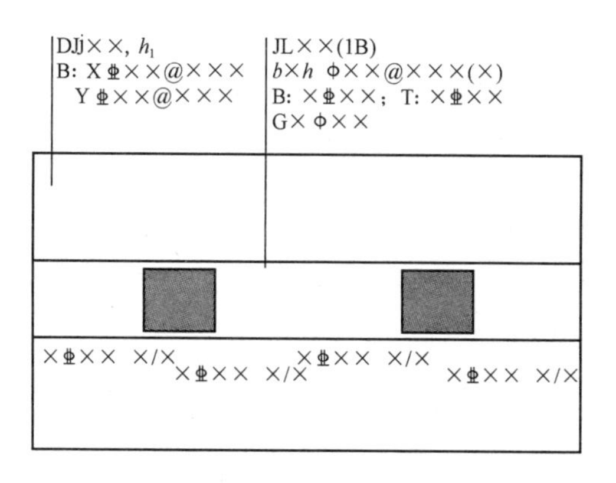

图 4-35　双柱独立基础的基础梁配筋注写示意

3)注写双柱独立基础的底板配筋。双柱独立基础底板配筋的注写，可以按条形基础底板的注写规定，也可以按独立基础底板的注写规定。

4)注写配置两道基础梁的四柱独立基础底板顶部配筋。当四柱独立基础已设置两道平行的基础梁时，根据内力需要可在双梁之间及梁的长度范围内配置基础顶部钢筋，注写为：梁间受力钢筋/分布钢筋。

【例】 T：Φ16@120/φ10@200；表示在四柱独立基础顶部两道基础梁之间配置 HRB 400 钢筋，直径为 16 mm，间距为 120 mm；分布筋为 HPB300 钢筋，直径为 10 mm，间距为 200 mm。示意图如图 4-36 所示。

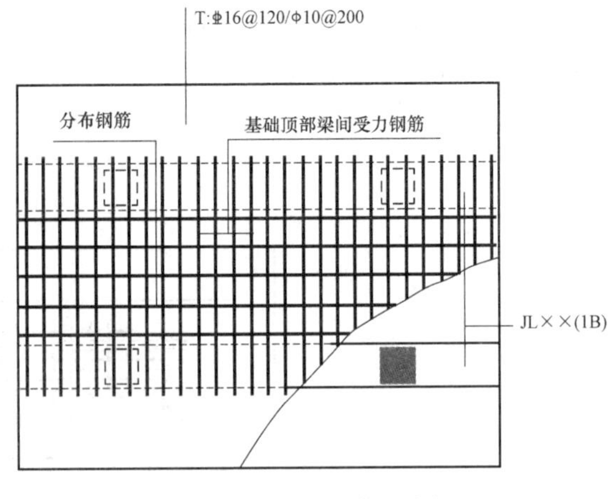

图 4-36 四柱独立基础底板顶部基础梁间配筋注写示意

独立基础的截面注写方式和列表注写方式应按国家建筑标准设计图集《混凝土结构施工图平面整体表示方法制图规则和构造详图(独立基础、条形基础、筏形基础、桩基础)》(22G101—3)的有关规定确定。

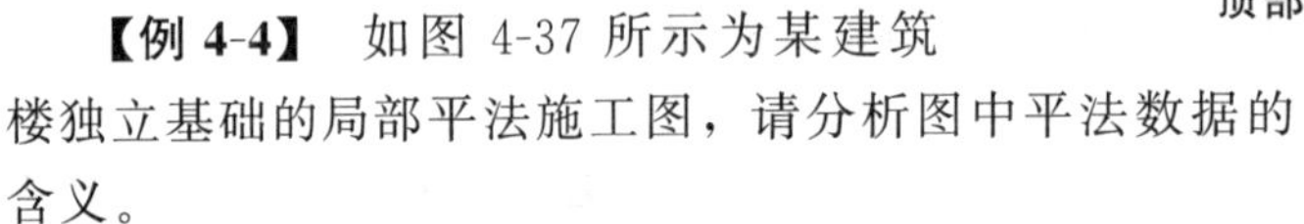

【例 4-4】 如图 4-37 所示为某建筑楼独立基础的局部平法施工图，请分析图中平法数据的含义。

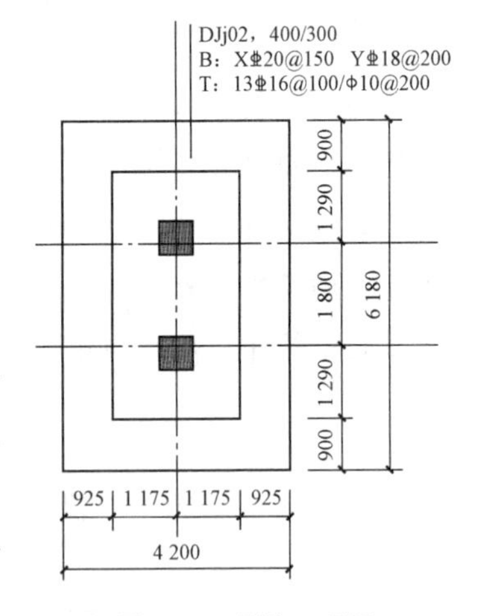

图 4-37 【例 4-4】图

【解】 根据国家建筑标准设计图集《混凝土结构施工图平面整体表示方法制图规则和构造详图(独立基础、条形基础、筏形基础、桩基础)》(22G101—3)可知：

(1)图中的集中标注含义为：

编号为 2 的双柱阶形独立基础，有两个台阶，台阶高自下而上分别为 h_1 =400 mm、h_2 =300 mm，基础底板总高度为 700 mm；

在基础底板的底部配置了 HRB400 钢筋，x 向钢筋直径为 20 mm，间距为 150 mm；y 向钢筋直径为 18 mm，间距为 200 mm；

在基础的顶部配置了 HRB400 纵向受力钢筋，直径为 16 mm，设置 13 根，间距为 100 mm；配置 HPB300 分布筋，直径为 10 mm，间距为 200 mm。

(2)图中的原位标注含义为：

独立基础 x 向边长为 4 200 mm，y 向边长为 6 180 mm；独立基础 x 向自左向右的第一个阶宽为 925 mm，第二个阶宽为 1 175 mm，为对称标注；独立基础 y 向自下向上的第一个阶宽为 900 mm，1 290 mm 为第二台阶边缘到柱轴线的距离，1 800 mm 为两根柱轴线的距离。

4.7.2 条形基础平法施工图制图规则

1. 条形基础平法施工图的表示方法

(1)条形基础平法施工图，有平面注写和列表注写两种表达方式，设计者可根据具体工程情况选择一种，或将两种方式相结合进行条形基础的施工图设计。

(2)条形基础整体上可分为两类：

1)梁板式条形基础。该类条形基础适用于钢筋混凝土框架结构、框架-剪力墙结构、部分框支剪力墙结构和钢结构。平法施工图将梁板式条形基础分解为基础梁和条形基础底板分别进行表达。

2)板式条形基础。该类条形基础适用于钢筋混凝土剪力墙结构和砌体结构。平法施工图仅表达条形基础底板。

2. 条形基础编号

条形基础编号分为基础梁和条形基础底板编号，见表 4-4。

表 4-4　条形基础梁及底板编号

类型		代号	序号	跨数及有无外伸
基础梁		JL	××	(××)端部无外伸 (××A)一端有外伸 (××B)两端有外伸
条形基础底板	坡形	TJBp	××	
	阶形	TJBj	××	
注：条形基础通常采用坡形截面或单阶形截面				

3. 基础梁的平面注写方式

(1)基础梁 JL 的平面注写方式，分集中标注和原位标注两部分内容，当集中标注的某项数值不适用于基础梁的某部位时，则将该项数值采用原位标注，施工时，原位标注优先。

(2)基础梁的集中标注内容为：基础梁编号、截面尺寸、配筋三项必注内容，以及基础梁底面标高(与基础底面基准标高不同时)和必要的文字注解两项选注内容。具体规定如下。

1)注写基础梁编号(必注内容)，见表 4-4。

2)注写基础梁截面尺寸(必注内容)。注写 $b\times h$，表示梁截面宽度与高度。当为竖向加腋梁时，用 $b\times hYc_1\times c_2$ 表示，其中 c_1 为腋长，c_2 为腋高，示意图如图 4-38 所示。

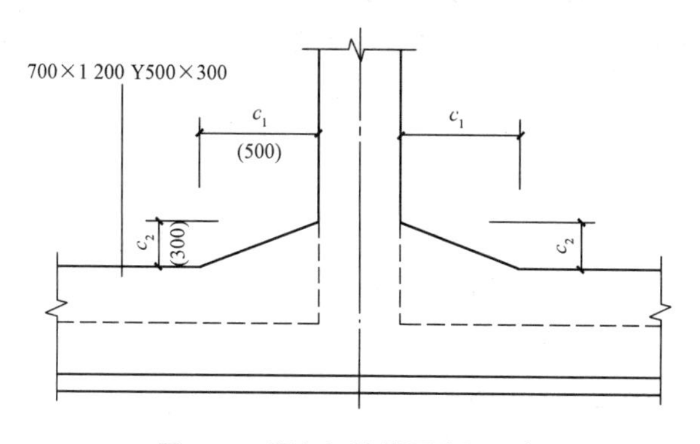

图 4-38　竖向加腋截面注写示意

3)注写基础梁配筋(必注内容)。

①注写基础梁箍筋：

a. 当具体设计仅采用一种箍筋间距时，注写钢筋种类、直径、间距与肢数(箍筋肢数写在括号内，下同)。

b. 当具体设计采用两种箍筋时，用“/”分隔不同箍筋，按照从基础梁两端向跨中的顺序注写。先注写第 1 段箍筋(在前面加注箍筋道数)，在斜线后再注写第 2 段箍筋(不再加注箍筋道数)。

【例】 9⏀16@100/⏀16@200(6)，表示配置两种间距的 HRB400 箍筋，直径为 16 mm，从梁两端起向跨内按箍筋间距 100 mm 每端各设置 9 道，梁其余部位的箍筋间距为200 mm，均为 6 肢箍。

②注写基础梁底部、顶部及侧面纵向钢筋：

a. 以 B 打头，注写梁底部贯通纵筋(不应少于梁底部受力钢筋总截面面积的 1/3)。当跨中所注根数少于箍筋肢数时，需要在跨中增设梁底部架立筋以固定箍筋，采用“+”将贯通纵筋与架立筋相连，架立筋注写在加号后面的括号内。

b. 以 T 打头，注写梁顶部贯通纵筋。注写时用分号“;”将底部与顶部贯通纵筋分隔开，如有个别跨与其不同者按本规则原位注写的规定处理。

c. 当梁底部或顶部贯通纵筋多于一排时，用“/”将各排纵筋自上而下分开。

【例】 B：4⏀25；T：12⏀25 7/5，表示梁底部配置贯通纵筋为 4⏀25；梁顶部配置贯通纵筋上一排为 7⏀25，下一排为 5⏀25，共 12⏀25。

d. 以大写字母 G 打头注写梁两侧面对称设置的纵向构造钢筋的总配筋值(当梁腹板高度 h_w 不小于 450 mm 时，根据需要配置)。

【例】 G8⏀14，表示梁每个侧面配置纵向构造钢筋 4⏀14，共配置 8⏀14。

当需要配置抗扭纵向钢筋时，梁两个侧面设置的抗扭纵向钢筋以 N 打头。

【例】 N8⏀16，表示梁的两个侧面共配置 8⏀16 的纵向抗扭钢筋，沿截面周边均匀对称设置。

4)注写基础梁底面标高(选注内容)。当条形基础的底面标高与基础底面基准标高不同时，将条形基础底面标高注写在“(　)”内。

5)必要的文字注解(选注内容)。当基础梁的设计有特殊要求时，宜增加必要的文字注解。

(3)基础梁 JL 的原位标注。基础梁支座的底部纵筋，是指包含贯通纵筋与非贯通纵筋在内的所有纵筋：

1)当底部纵筋多于一排时，用“/”将各排纵筋自上而下分开。

2)当同排纵筋有两种直径时，用“+”将两种直径的纵筋相连，注写时角筋写在前面。

【例】 在基础梁支座处原位注写 2⏀25+2⏀22，表示基础梁支座底部有 4 根纵筋，2⏀25 分别放在角部，2⏀22 放在中部。

3)当梁支座两边的底部纵筋配置不同时，需在支座两边分别标注；当梁支座两边的底部纵筋相同时，可仅在支座的一边标注。

4)当梁支座底部全部纵筋与集中注写过的底部贯通纵筋相同时，可不再重复做原位标注。

5)竖向加腋梁加腋部位钢筋，需在设置加腋的支座处以 Y 打头注写在括号内。

【例】 竖向加腋梁端(支座)处注写为 Y4⌀25，表示竖向加腋部位斜纵筋为 4⌀25。

基础梁设计、施工及预算的注意事项，基础梁底部非贯通纵筋的长度规定应按国家建筑标准设计图集《混凝土结构施工图平面整体表示方法制图规则和构造详图(独立基础、条形基础、筏形基础、桩基础)》(22G101—3)的有关规定确定。

4. 条形基础底板的平面注写方式

(1)条形基础底板 TJBp、TJBj 的平面注写方式，分集中标注和原位标注两部分内容。

(2)条形基础底板的集中标注内容为：条形基础底板编号、截面竖向尺寸、配筋三项必注内容，以及条形基础底板底面标高(与基础底面基准标高不同时)、必要的文字注解两项选注内容。

素混凝土条形基础底板的集中标注，除无底板配筋内容外与钢筋混凝土条形基础底板相同。具体规定如下：

1)注写条形基础底板编号(必注内容)，编号由代号和序号组成，应符合表 4-4 的要求。

2)注写条形基础底板截面竖向尺寸(必注内容)。注写 $h_1/h_2/$……，具体标注规定同独立基础竖向尺寸的规定。当为多阶时各阶尺寸自下而上以“/”分隔顺写。

3)注写条形基础底板底部及顶部配筋(必注内容)。以 B 打头，注写条形基础底板底部的横向受力钢筋；以 T 打头，注写条形基础底板顶部的横向受力钢筋；注写时，用“/”分隔条形基础底板的横向受力钢筋与纵向分布钢筋，示意图如图 4-39 和图 4-40 所示。

【例】 当条形基础底板配筋标注为：B：⌀14@ 150/ϕ8@250；表示条形基础底板底部配置 HRB400 横向受力钢筋，直径为 14 mm，间距为 150 mm；配置 HPB300 纵向分布钢筋，直径为8 mm，间距为 250 mm。示意图如图 4-39 所示。

【例】 当为双梁(或双墙)条形基础底板时，除在底板底部配置钢筋外，一般还需在两根梁或两道墙之间的底板顶部配置钢筋，其中横向受力钢筋的锚固长度 l_a 从梁的内边缘(或墙内边缘)起算，示意图如图 4-40 所示。

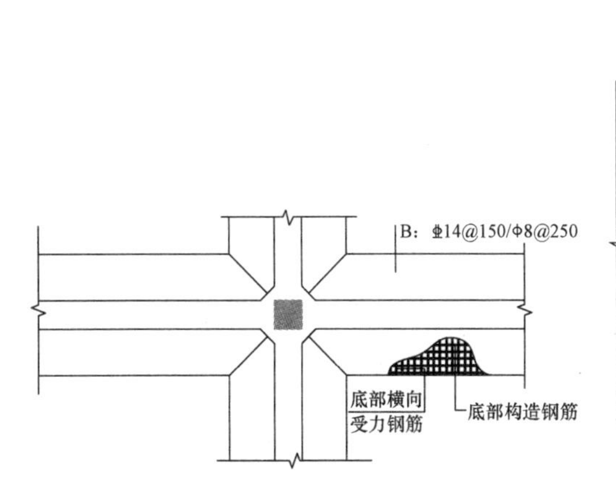

图 4-39　条形基础底板底部配筋示意

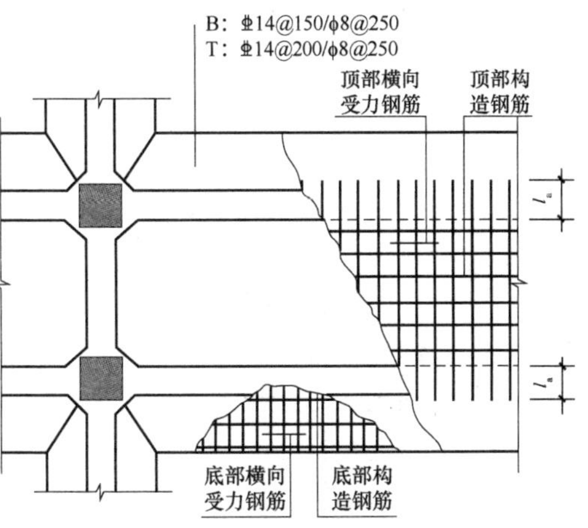

图 4-40　双梁条形基础底板配筋示意

4)注写条形基础底板底面标高(选注内容)。当条形基础底板的底面标高与条形基础底面基准标高不同时,应将条形基础底板底面标高注写在“( )”内。

5)必要的文字注解(选注内容)。当条形基础底板有特殊要求时,应增加必要的文字注解。

(3)条形基础底板的原位标注。原位注写条形基础底板的平面定位尺寸。原位标注 b、b_i,$i=1$,2,…。其中,b 为基础底板总宽度,b_i 为基础底板台阶的宽度。当基础底板采用对称于基础梁的坡形截面或单阶形截面时,b_i 可不注,如图 4-41 所示。

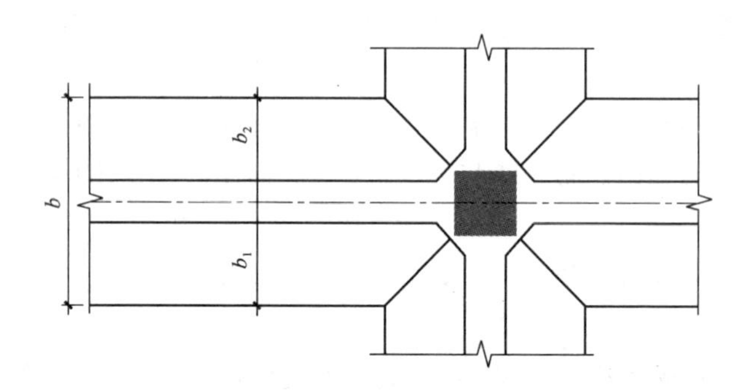

图 4-41 条形基础底板平面尺寸原位标注

条形基础的列表注写方式应按国家建筑标准设计图集《混凝土结构施工图平面整体表示方法制图规则和构造详图(独立基础、条形基础、筏形基础、桩基础)》(22G101—3)的有关规定确定。

【例 4-5】 如图 4-42 所示为某建筑楼条形基础的局部平法施工图,请分析图中平法数据的含义。

【解】 根据国家建筑标准设计图集《混凝土结构施工图平面整体表示方法制图规则和构造详图(独立基础、条形基础、筏形基础、桩基础)》(22G101—3)可知:

(1)图中条形基础底板的集中标注含义为:

编号为 03 的坡形条形基础底板,共 3 跨,两端外伸,底板高自下而上分别为 $h_1=$ 300 mm、$h_2=250$ mm,基础底板总高度为 550 mm;

在基础底板的底部配置了 HRB400 横向受力钢筋,直径为 14 mm,间距为 150 mm;配置了 HPB300 纵向分布筋,直径为 8 mm,间距为 250 mm。

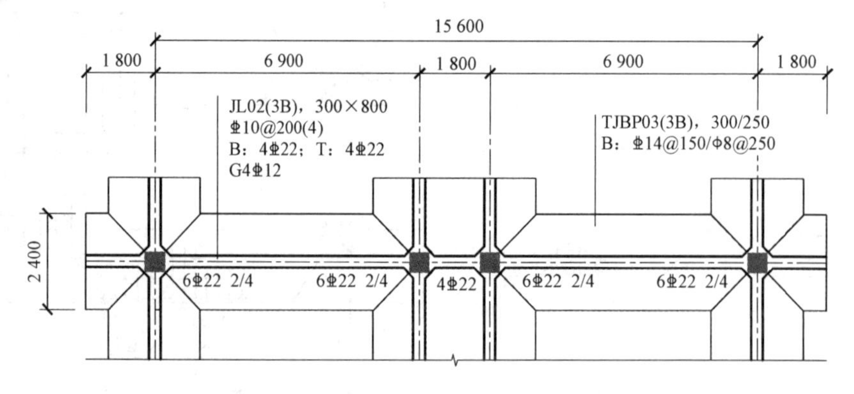

图 4-42 【例 4-5】图

(2)图中条形基础底板的原位标注含义为：

条形基础底板宽度为 2 400 mm，沿轴线居中布置。

(3)图中基础梁的集中标注含义为：

编号为 02 的基础梁，共 3 跨，两端外伸，截面宽度为 300 mm，截面高度为 800 mm；

配置了 HRB400 箍筋，直径为 10 mm，间距 200 mm，4 肢箍；

基础梁底部配置 4 根直径为 22 mm 的 HRB400 贯通纵筋；基础梁顶部配置 4 根直径 22 mm 的 HRB400 贯通纵筋；

基础梁共配置了 4 根直径为 12 mm 的 HRB400 纵向构造钢筋，每个侧面配置 2 根。

(4)图中基础梁的原位标注含义为：

基础梁第二跨底部配置了 4 根直径为 22 mm 的 HRB400 的纵筋，也就是集中标注的梁底部贯通纵筋。

其余部分梁底部均配置了 6 根直径为 22 mm 的 HRB400 的纵筋，共两排，上排为 2 根(梁底部的非贯通纵筋)，下排为 4 根(也就是集中标注的梁底部贯通纵筋)。

思考与练习

1. 天然地基上的浅基础有哪些类型？

2. 什么是基础埋置深度？影响基础埋置深度的因素有哪些？

3. 什么是无筋扩展基础？如何设计无筋扩展基础？

4. 某边柱的柱下独立基础剖面图如图 4-43 所示，上部结构传来的荷载值为 500 kN，基础埋置深度 $d=1.8$ m，基础底面以上土的加权平均重度 $\gamma_m=19$ kN/m^3，室内外高差为 0.6 m，地基持力层为中砂，地基承载力特征值 $f_{ak}=170$ kPa，试确定基础底面尺寸。

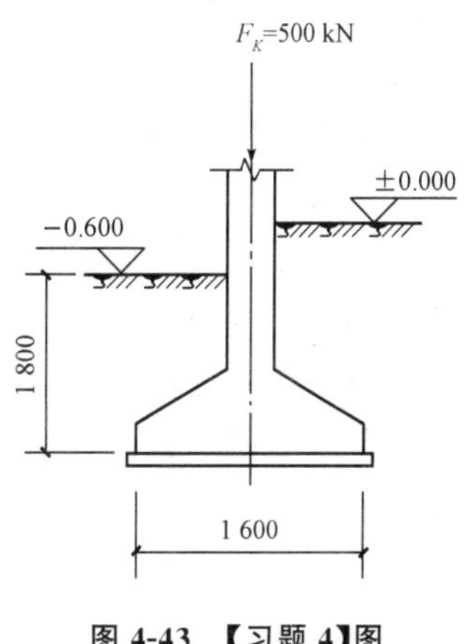

图 4-43 【习题 4】图

素质拓展

本模块介绍了建筑的各种基础形式、基础的设计方法和基础施工图的识读方法，让人们感受到了建筑的宏伟与结构的精妙，充分展现了建筑工匠的智慧与匠心。通过图纸的识读和基础的设计，培养了学生对本专业的兴趣，进一步树立文化自信、弘扬中国精神。

模块5 桩基础设计与施工图识读

5.1 桩基础的定义和分类

桩基础是建筑物常用的基础形式之一，当采用天然地基上的浅基础不能满足地基基础设计的承载力和变形要求时，可采用桩基础将荷载传至承载力高的深部土层。桩基础具有较大的整体性和刚性，承载力高，稳定性好，沉降量小而均匀，便于机械化施工，适应性强，能适应高、重、大等建筑物的要求。

5.1.1 桩基础的定义

桩基础简称桩基，由桩（基桩）和连接于桩顶的承台共同组成，如图5-1所示。

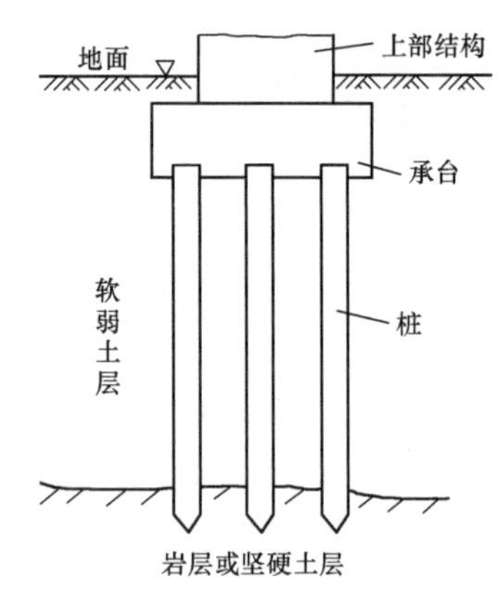

图5-1 桩基础

实际工程中的桩基础承台（桩承台）和桩，如图5-2和图5-3所示。

桩的作用在于将上部建筑物的荷载传递到深处承载力较大的土层上；或使软弱土层挤压，提高土壤的承载力和密实度，并能通过桩身与土壤之间的摩擦力来承受上部荷载，从而保证建筑物的稳定性和减少地基沉降。

图5-2 桩基础承台

图5-3 桩（基桩）

5.1.2 桩基础的分类

1. 按承载性质分类

(1)摩擦型桩。摩擦型桩是指桩顶竖向荷载主要或全部由桩侧阻力(摩擦力)承受的桩。其中，桩顶极限荷载绝大部分由桩侧阻力承受，桩端阻力很小、可忽略不计的桩称为摩擦桩，如图 5-4(a)所示；桩顶极限荷载由桩侧阻力和桩端阻力共同承受，桩侧阻力分担的荷载大于桩端阻力的桩，称为端承摩擦桩，如图 5-4(b)所示。

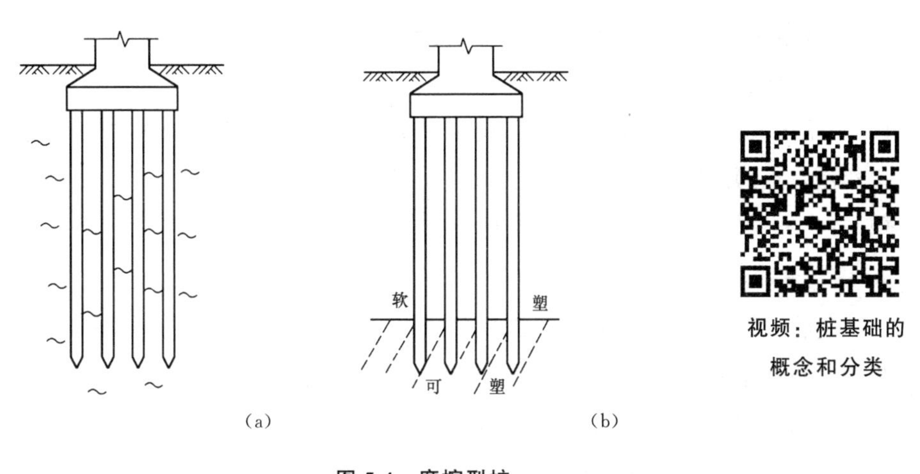

图 5-4 摩擦型桩

(a)摩擦桩；(b)端承摩擦桩

(2)端承型桩。端承型桩是指桩顶竖向荷载主要或全部由桩端阻力承受的桩。其中，桩顶极限荷载绝大部分由桩端阻力承受，桩侧阻力很小、可忽略不计的桩，称为端承桩，如图 5-5(a)所示；桩顶极限荷载由桩侧阻力和桩端阻力共同承受，桩端阻力分担的荷载大于桩侧阻力的桩，称为摩擦端承桩，如图 5-5(b)所示。

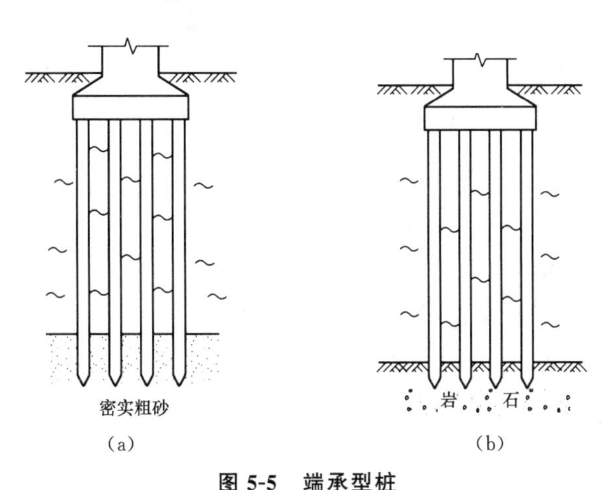

图 5-5 端承型桩

(a)端承桩；(b)摩擦端承桩

2. 按桩身材料分类

按桩身材料一般可分为混凝土桩、钢桩、组合材料桩等。

3. 按桩的使用功能分类

当上部结构完工后，承台下部的桩不但要承受上部结构传递下来的竖向荷载，还承受由于风和振动作用引起的水平力和力矩，保证建筑物的安全稳定。根据桩在使用状态下的抗力性能和工作机理，常将桩分为以下四类。

(1)竖向抗压桩：主要承受竖向向下荷载的桩，建筑桩基础大多为此种桩。

(2)竖向抗拔桩：主要承受竖向上拔荷载的桩，工程中，多用于高层建筑在水平荷载作用下抵抗倾覆而设置于桩群外缘的桩。

(3)水平受荷桩：主要承受水平方向上荷载的桩，如深基坑护坡桩，承受水平方向上压力作用，即为此类桩。

(4)复合受荷桩：承受竖向、水平向荷载的桩。

4. 按成桩方法分类

(1)非挤土桩：采用干作业法、泥浆护壁法或套管护壁法施工而成的桩。由于在成孔过程中已将孔中的土体清除掉，故没有产生成桩时的挤土作用。

(2)部分挤土桩：采用预钻孔打入式预制桩、打入式敞口桩或部分挤土灌注桩。上述成桩过程对桩周土的强度及变形性质会产生一定的影响。

(3)挤土桩：挤土灌注桩(如沉管灌注桩)，实心的预制桩在锤击、振入或压入过程中都需将桩位处的土完全排挤开才能成桩，因而，使土的结构遭受严重破坏。这种成桩方式还会对场地周围环境造成较大影响，因而事先必须对成桩所引起的挤土效应进行评价。

5. 按桩身直径分类

按桩身直径大小可分为小直径桩、中等直径桩和大直径桩。桩的直径大小直接影响桩的承载力、施工成桩方法和工艺。

(1)小直径桩。小直径桩是指桩径 $d \leqslant 250$ mm 的桩。小直径桩多用于基础加固和复合桩基础。小直径桩的施工机械、施工方法较为简单。

(2)中等直径桩。中等直径桩是指 250 mm$<d\leqslant$800 mm 的桩。中等直径桩在建筑桩基础中使用量最大，其成桩方法和工艺也较多。

(3)大直径桩。大直径桩是指 $d \geqslant 800$ mm 的桩。

6. 按桩制作工艺分类

(1)预制桩。预制桩是指在工厂(或者现场)预制成桩以后再运输到施工现场，在设计桩位处以沉桩机械沉至地基土中设计深度的桩，如锤击桩、静力压桩等，如图 5-6 所示。

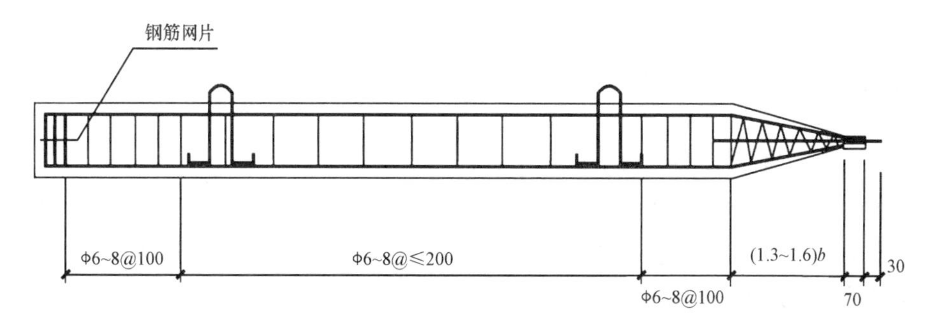

图 5-6　预制桩

(2)灌注桩。灌注桩是指在现场设计桩位处的地基岩土层中以机械或人工成孔至设计深度，再吊放钢筋笼、浇捣混凝土的施工方法而制成的桩，如钻孔灌注桩、人工挖孔桩等，如图 5-7 所示。

图 5-7　灌注桩

5.2　桩的承载力

桩的承载力包括单桩竖向承载力、单桩水平承载力和群桩承载力等。

5.2.1　单桩竖向承载力

单桩竖向承载力特征值称为单桩竖向承载力，是指在工作状态下桩所允许承受的最大荷载(单桩竖向承载力特征值＝单桩竖向极限承载力标准值除以安全系数 K，$K=2$)。单桩竖向极限承载力标准值(单桩竖向极限承载力)，即单桩在竖向荷载作用下到达破坏状态前或出现不适于继续承载的变形时，对应的最大荷载。

单桩竖向极限承载力取决于两个方面：一是桩身的材料强度(即由于材料强度不足，

发生桩身被压碎而丧失承载力的破坏)；二是土对桩的支承力(地基土对桩支承能力不足而引起的破坏)。从安全角度考虑，应分别计算出这两方面的承载力，取较小值作为设计时取用的数值。

通常情况下，土对桩的支承力要小于桩身的材料强度，此时桩的承载力是由土对桩的支承力来确定的，桩身材料的强度得不到充分发挥。对于端承桩、超长桩或桩身有缺陷的桩，桩的承载力是由桩身材料的强度起控制作用。另外，对沉降有特殊要求的结构，桩的承载力受沉降量的控制。

5.2.2 根据桩身材料强度确定单桩竖向承载力

1. 受压桩的承载力

根据桩身材料强度确定单桩竖向承载力时，将桩视为一轴向受压构件，此时桩受到周围土的约束作用，故桩周的侧阻力使桩身所承受的轴向荷载是随深度的加大而逐步递减的。因此，桩身受压承载力实际是由桩顶以下一定区段内的截面强度控制的。

当桩顶以下 $5d$ 范围的桩身螺旋式箍筋间距不大于 100 mm，且符合《建筑桩基技术规范》(JGJ 94—2008)规定时：单桩竖向承载力$=\psi_c f_c A_{ps}+0.9f'_y A'_s$ 。当桩身配筋不符合上述规定时：单桩竖向承载力$=\psi_c f_c A_{ps}$ 。其中

ψ_c ——基桩成桩工艺系数，按《建筑桩基技术规范》(JGJ 94—2008)规定取值；

f_c ——混凝土轴心抗压强度设计值；

f'_y ——纵向主筋抗压强度设计值；

A'_s ——纵向主筋截面面积。

2. 抗拔桩的承载力

轴心抗拔桩正截面受拉承载力$=f_y A_s+f_{py} A_{py}$ 。其中

f_y、f_{py} ——普通钢筋、预应力钢筋的抗拉强度设计值；

A_s、A_{py} ——普通钢筋、预应力钢筋的截面面积。

视频：桩承载力的确定

5.2.3 根据土对桩的支承力确定单桩竖向承载力

单桩竖向承载力主要由土对桩的支承力所控制，可先确定出单桩竖向极限承载力标准值，然后除以安全系数 K 来确定单桩竖向承载力。《建筑桩基技术规范》(JGJ 94—2008)对单桩竖向极限承载力标准值的确定规定如下：

(1)设计等级为甲级的建筑桩基，应通过单桩静载试验确定；

(2)设计等级为乙级的建筑桩基，当地质条件简单时，可参照地质条件相同的试桩资料，结合静力触探等原位测试和经验参数综合确定；其余均应通过单桩静载试验确定；

(3)设计等级为丙级的建筑桩基，可根据原位测试和经验参数确定。

1. 静载试验法确定单桩竖向承载力

单桩竖向静载试验是在建筑场地沉入试桩，通过在桩顶逐级加荷并观测和记录其沉降量，直到桩被破坏为止，绘制荷载-沉降曲线，然后对该曲线进行分析，确定出各试桩的单桩竖向极限承载力标准值，然后根据单桩竖向极限承载力标准值确定单桩竖向承载力。

试验通常采用油压千斤顶加载，千斤顶的反力装置一般采用下列两种形式：

(1)锚桩横梁反力装置(图 5-8)。锚桩横梁反力装置试桩与两侧锚桩之间的中心距不小于 4 倍的桩径，并不小于 2.0 m。当采用工程桩作为锚桩时，锚桩数量不得少于 4 根，并应检测静载试验过程中锚桩的上拔量。

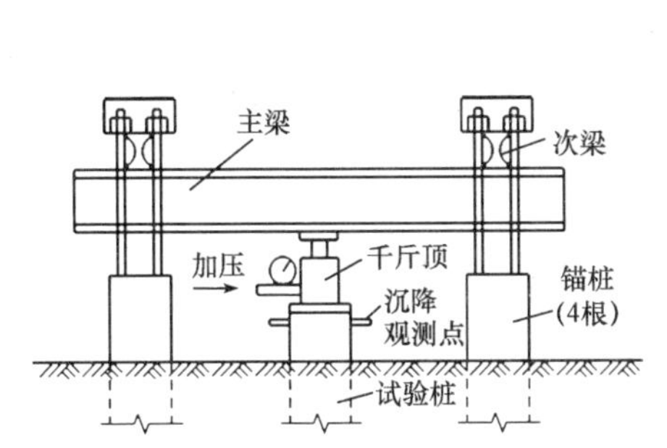

图 5-8　单桩竖向静载试验(锚桩横梁反力装置)

(2)压重平台反力装置(图 5-9)。压重平台反力装置要求压重平台的支墩边至试桩的净距不小于 4 倍的桩径，并不小于 2.0 m。压重量不得少于预计试桩破坏荷载的 1.2 倍。压重应在试验开始前一次加上，并均匀稳固放置于平台上。

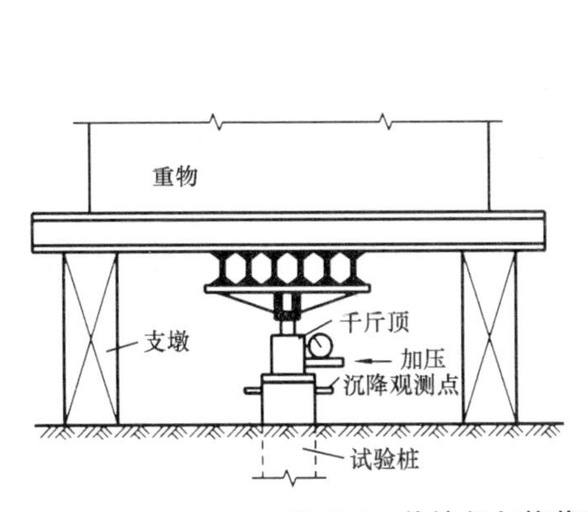

图 5-9　单桩竖向静载试验(压重平台反力装置)

参加统计的试桩，当满足其极差不超过平均值的 30%时，可取其平均值作为单桩竖向极限承载力特征值。极差超过平均值的 30%时，宜增加试桩数量并分析极差过大的原因，结合工程实际情况确定竖向极限承载力特征值。对桩数为 3 根及 3 根以下的柱下桩台，取最小值作为竖向极限承载力特征值。

2. 静力触探法确定单桩竖向承载力

静力触探法根据单桥探头和双桥探头分为两种，根据静力触探法确定出混凝土预制桩单桩竖向极限承载力标准值，然后根据单桩竖向极限承载力标准值确定出单桩竖向承载力。具体方法应按《建筑桩基技术规范》(JGJ 94—2008)的有关规定确定。

3. 经验公式法确定单桩竖向承载力

当根据土的物理指标与承载力参数之间的经验关系确定单桩竖向极限承载力标准值时，宜按下式估算：

$$Q_{uk}=Q_{sk}+Q_{pk}=u\sum q_{sik}l_i+q_{pk}A_p \tag{5-1}$$

式中 Q_{uk}——单桩竖向极限承载力标准值；

Q_{sk}，Q_{pk}——分别为总极限侧阻力标准值和总极限端阻力标准值；

u——桩身周长；

l_i——桩周第 i 层土的厚度；

A_p——桩端面积；

q_{sik}——桩侧第 i 层土的极限侧阻力标准值，如无当地经验，可按《建筑桩基技术规范》(JGJ 94—2008)规定取值；

q_{pk}——极限端阻力标准值，如无当地经验，可按《建筑桩基技术规范》(JGJ 94—2008)规定取值。

5.2.4 单桩竖向承载力特征值的确定

单桩竖向承载力特征值称为单桩竖向承载力。在《建筑桩基技术规范》(JGJ 94—2008)中，桩基设计采用了单桩竖向承载力特征值的概念，将单桩竖向极限承载力标准值除以安全系数 $K(K=2)$ 定义为单桩竖向承载力特征值。《建筑地基基础设计规范》(GB 50007—2011)规定：当按单桩承载力确定桩的数量时，传至承台底面上的荷载效应应按正常使用极限状态采用标准组合，相应的抗力限值应采用单桩承载力特征值。

单桩竖向承载力特征值应按下列规定确定：

(1)单桩竖向承载力特征值应通过单桩竖向静载试验确定。在同一条件下的试桩数量，不宜少于总桩数的 1%，且不应少于 3 根。

单桩竖向承载力特征值 R_a 按下式确定：

$$R_a=\frac{1}{K}Q_{uk} \tag{5-2}$$

式中 Q_{uk}——单桩竖向极限承载力标准值；

K——安全系数，取 $K=2$。

(2)地基基础设计等级为丙级的建筑物，可采用静力触探及标准贯入试验参数确定承载力特征值。

(3)初步设计时，单桩竖向承载力特征值 R_a 可按土的物理指标与承载力参数之间的经验关系确定，即

$$R_a = q_{pa}A_p + u_p \sum q_{sia} l_i \tag{5-3}$$

式中　q_{pa}、q_{sia} ——桩端阻力、桩侧阻力特征值，由当地静载试验结果统计分析算得；

A_p ——桩底端横截面面积；

u_p ——桩身周边长度；

l_i ——第 i 层岩土的厚度。

当桩端嵌入完整及较完整的硬质岩中时，可按下式估算单桩竖向承载力特征值：

$$R_a = q_{pa}A_p \tag{5-4}$$

式中　q_{pa} ——桩端岩石承载力特征值。

【例 5-1】 根据静载试验结果确定单桩的竖向承载力。某工程为混凝土灌注桩，在建筑场地现场已进行的 3 根桩的静载试验，其报告提供根据有关曲线确定的桩的极限承载力标准值分别为 590 kN、605 kN、620 kN。试确定单桩竖向极限承载力特征值 R_a 。

【解】 由静载试验得出单桩的竖向极限承载力，三次试验的平均值为

$Q_{平均值}=(590+605+620)/3=605(\text{kN})$

极差$=620-590=30(\text{kN}) < 605\times30\%=181.5(\text{kN})$

故取 $Q_{uk}=Q_{平均值}=605(\text{kN})$

$R_a = Q_{uk}/2=605/2=302.5(\text{kN})$

【例 5-2】 有一钢筋混凝土预制方桩，边长为 30 cm，桩长 $l=13$ m。承台埋置深度为 1.0 m，地基由四层土组成：第一层为杂填土，厚度为 1.5 m，$q_{s1k}=26$ kPa；第二层为淤泥质土，厚度为 5 m，$q_{s2k}=26$ kPa；第三层为黏土，厚度为 2 m，$q_{s3k}=70$ kPa，液性指数 $I_L=0.50$；第四层为粗砂，中密状态，$q_{s4k}=84$ kPa，$q_{pk}=8\ 000$ kPa，厚度较大，未击穿。试确定该预制方桩的单桩竖向承载力特征值。

【解】 桩身周长：$u=4\times0.3=1.2(\text{m})$；桩端横截面面积：$A_p=0.3^2=0.09(\text{m}^2)$；

单桩竖向极限承载力标准值：

$$\begin{aligned}Q_{uk} &= Q_{sk}+Q_{pk}=u\sum q_{sik}l_i+q_{pk}A_p\\&=1.2\times(26\times0.5+26\times5+70\times2+84\times5.5)+8\ 000\times0.09\\&=1\ 614(\text{kN})\end{aligned}$$

$$R_a=\frac{1}{K}Q_{uk}=1\ 614/2=807(\text{kN})$$

5.2.5　群桩承载力

当单桩不足以承担上部结构荷载时，需采用多根桩来共同承载。由多根单桩组成的群桩，其承载力与桩数、桩距、桩长、桩径、承台、土及成桩方法等很多因素有关。

单桩受力情况为桩顶轴向荷载 N，其由桩端阻力与桩周摩擦力共同承受，而群桩中

每根桩的桩顶轴向荷载，同样由桩端阻力与桩周摩擦力共同承担，但因桩距小，桩周摩擦力不能充分发挥作用，同时在桩端产生应力叠加，因此群桩的承载力小于单桩承载力与桩数的乘积。这种群桩承载力往往不等于各单桩承载力之和，称其为群桩效应，如图 5-10 所示。群桩效应受土性、桩距、桩数、桩的长径比、桩长与承台宽度比、成桩方法等多因素的影响而变化，其中桩距是最为重要的影响因素。

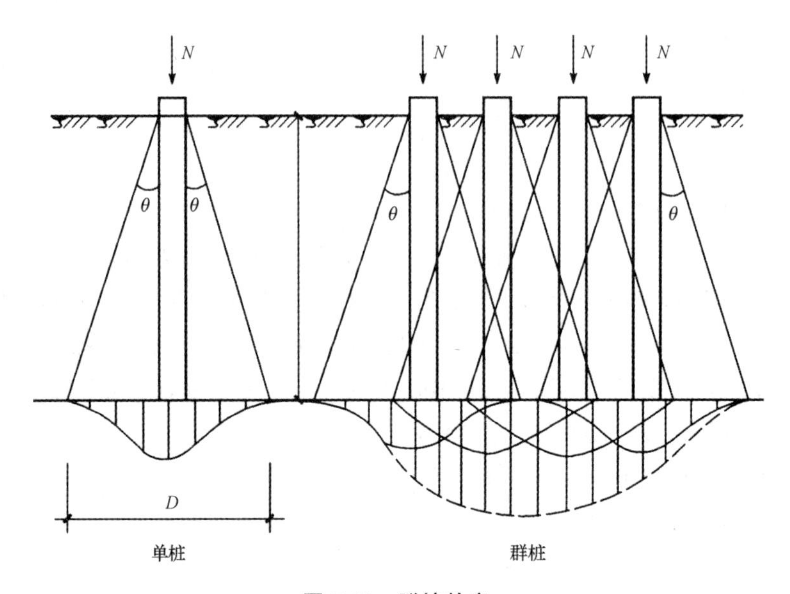

图 5-10 群桩效应

群桩承载力的确定是一个很复杂的问题，应按《建筑桩基技术规范》(JGJ 94—2008)有关规定确定，本模块不作介绍。

5.3 桩基础设计

桩基础设计必须做到结构上安全、技术上可行和经济上合理，具体而言，桩基础的设计应满足三个方面的要求：一是在外荷载的作用下，桩与地基之间的相互作用能保证有足够的竖向(抗拔或抗压)或水平承载力；二是桩基的沉降(或沉降差)、水平位移及桩身挠曲在容许范围内；三是应考虑技术和经济上的合理性与可行性。

一般桩基础设计按下列步骤进行：

(1)调查研究，收集相关的设计资料；

(2)根据工程地质勘探资料、荷载、上部结构的条件要求等确定桩基持力层；

(3)选定桩材、桩型、尺寸，确定基本构造；

(4)计算并确定单桩承载力；

(5)根据上部结构及荷载情况，初拟桩的平面布置和数量；

(6)根据桩的平面布置拟定承台尺寸和底面高程；

(7)桩基础验算，桩身、承台结构设计；

(8)绘制桩基(桩和承台)的结构施工图。

5.3.1 设计资料的收集

在进行桩基设计之前，应进行深入的调查研究，充分掌握相关的原始资料，包括：建筑物上部结构的相关信息；符合现行国家规范规定的工程地质勘探报告和现场勘察资料；当地建筑材料的供应及施工条件(包括沉桩机具、施工方法、施工经验等)；施工场地及周围环境(包括交通、进出场条件、有无对振动敏感的建筑物、有无噪声限制等)。

5.3.2 桩型、桩断面尺寸、桩长及单桩承载力的确定

1. 桩型的选择

桩型的选择应综合考虑上部结构荷载的大小及性质、工程地质条件、施工条件等多方面因素，选择经济合理、安全适用的桩型和成桩工艺，充分利用各桩型的特点来适应建筑物的安全、经济及工期等方面的要求。

2. 桩断面尺寸

混凝土灌注桩断面尺寸均为圆形，其直径一般随成桩工艺有较大变化。对于沉管灌注桩，直径一般为 300～500 mm；对于钻孔灌注桩，直径多为 500～1 200 mm；对于扩底钻孔灌注桩，扩底直径一般为桩身直径的 1.5～2 倍。

混凝土预制桩断面常用方形，边长一般不超过 550 mm。

3. 确定桩长

桩长指的是自承台底至桩端的长度尺寸。在承台底面标高确定之后，确定桩长，即选择持力层和确定桩底(端)进入持力层深度的问题。一般应选择较硬土层作为桩端持力层，桩底进入持力层的深度，因地质条件、荷载及施工工艺而异，一般宜为桩径的 1～3 倍。

上述桩长是设计中预估的桩长。在实际工程中，场地土层往往起伏不平，或层面倾斜，或岩层产状复杂，所以还要提出施工中决定桩长的条件。一般来说，对于打入桩，主要由侧摩阻力提供支承力时，以设计桩底标高作为主要控制条件，以最后贯入度作为参考条件；对于主要由端承力提供支承力的桩，以最后贯入度为控制条件，设计桩底标高作为参考条件；对于钻、冲、挖孔灌注桩，以验明持力层的岩土性质为主，同时注意核对标高。此外，对位于坡地岸边的桩基，尚应根据桩基稳定性验算的要求决定桩长。

4. 确定单桩承载力

根据结构物对桩功能的要求及荷载特性，需明确单桩承载力的类型，如抗压、抗拔及水平承载力等，并根据确定承载力的具体方法及有关规范要求，给出单桩承载力的设计值或特征值等。

5.3.3 桩的数量与平面布置

1. 桩的根数

桩基中所需桩的根数可按承台荷载和单桩承载力确定。当轴心受压时，桩数 n 应满足下式要求：

$$n \geqslant \frac{F_k + G_k}{R_a} \tag{5-5}$$

式中 n——桩的根数；

F_k ——荷载效应标准组合时，上部结构传至桩基承台顶面的竖向力(kN)；

G_k ——桩基承台自重及承台上覆土自重标准值；

R_a ——单桩竖向承载力特征值。

对于偏心受压情况，也可按式(5-5)进行估算，只是要注意是否应将估算值 n 适当放大，一般放大系数为 1.1～1.2。

2. 平面布置

(1)桩的间距。桩的间距一般是指桩与桩之间的最小中心距。对于不同的桩型有不同的要求。如挤土桩由于存在挤土效应，要求具有较大的桩距。通常，桩的中心距宜取(3～4)d(桩径)，且不小于《建筑地基基础设计规范》(GB 50007—2011)的有关要求。中心距过小，则桩施工时互相影响大；中心距过大，则桩承台尺寸太大，不经济。

(2)桩的平面布置。根据桩基的受力情况，桩可采用多种形式的平面布置。如等间距布置、不等间距布置，正方形、矩形网格、三角形、梅花形等布置形式。布置时，应尽量使上部荷载的中心与桩群的中心重合或接近，以使桩基中各桩受力比较均匀。对于柱基，通常布置成梅花形或行列式；对于条形基础，通常布置成一字形，小型工程一排桩，大、中型工程两排桩；对于烟囱、水塔基础，通常布置成圆环形。桩离桩承台边缘的净距应不小于 $d/2$。

5.3.4 桩身设计

1. 群桩中单桩承载力验算

当轴心受压时

$$Q_k = \frac{F_k + G_k}{n} \leqslant R_a \tag{5-6}$$

当偏心受压时

$$Q_{k\max}=\frac{F_k+G_k}{n}+\frac{M_{xk}Y_{\max}}{\sum Y_i^2}+\frac{M_{yk}X_{\max}}{\sum X_i^2}\leqslant 1.2R_a \tag{5-7}$$

式中 F_k ——相应于荷载效应标准组合时，作用于桩基承台顶面的竖向力(kN)；

G_k ——桩基承台及承台上填土自重标准值(kN)；

Q_k ——相应于荷载效应标准组合时，轴心竖向力作用下单桩的平均竖向力(kN)；

n——桩基中的桩数；

$Q_{k\max}$——相应于荷载效应标准组合时，偏心竖向力作用下受荷最大的单桩的竖向力；

M_{xk} ,M_{yk} ——相应于荷载效应标准组合时，作用于承台底面的偏心竖向力通过桩群形心的 x、y 轴的力矩(绝对值)(kN·m)；

X_i ,Y_i ——桩 i 至桩群形心的 y、x 轴的距离(绝对值)(m)；

$X_{\max}$、$Y_{\max}$——群桩中受力最大的桩到 y、x 轴的距离(绝对值)(m)。

当水平荷载作用时

$$H_{ik}\leqslant R_{Ha} \tag{5-8}$$

式中 R_{Ha} ——单桩水平承载力特征值(kN)。

2. 群桩承载力与变形验算(略)

3. 桩身结构设计

桩身结构设计包括桩身构造要求、配筋计算等，具体要求详见《建筑地基基础设计规范》(GB 50007—2011)。

5.3.5 桩承台设计

承台有多种形式，如柱下独立桩基承台、箱形承台、筏形承台、柱下梁式承台、墙下条形承台等。其中，柱下独立桩基承台有板式、锥式和阶形三类。

所有承台均应进行抗冲切、抗剪及抗弯计算，并应符合构造要求。当承台的混凝土强度等级低于柱或桩的混凝土强度等级时，还应验算柱下或桩上承台的局部受压承载力。

具体的桩承台构造要求及设计计算要求，应按《建筑地基基础设计规范》(GB 50007—2011)的有关规定确定。

5.4 桩基础施工图识读

灌注桩平法施工图，是在灌注桩平面布置图上采用平面注写方式或列表注写方式进行表达。

1. 灌注桩平面注写方式

平面注写方式，是在灌注桩平面布置图上集中标注灌注桩的编号、尺寸、纵筋、箍筋、桩顶标高和单桩竖向承载力特征值，如图 5-11 所示。

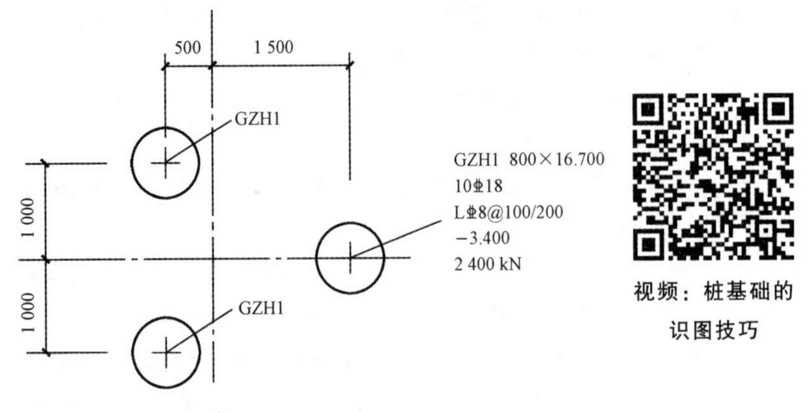

图 5-11　灌注桩平面注写示意

(1)注写桩编号，桩编号由类型和序号组成，应符合表 5-1 的规定。

表 5-1　桩编号

类型	代号	序号
灌注桩	GZH	××
扩底灌注桩	GZHk	××

(2)注写桩尺寸，包括桩径 D 和桩长 L，当为扩底灌注桩时，还应增加扩底端尺寸 $D_0/h_b/h_c$ 或 $D_0/h_b/h_{c1}//h_{c2}$。其中 D_0 表示扩底端直径，h_b 表示扩底端锅底形矢高，h_c(h_{c1}、h_{c2}) 表示扩底端高度，如图 5-12 所示。

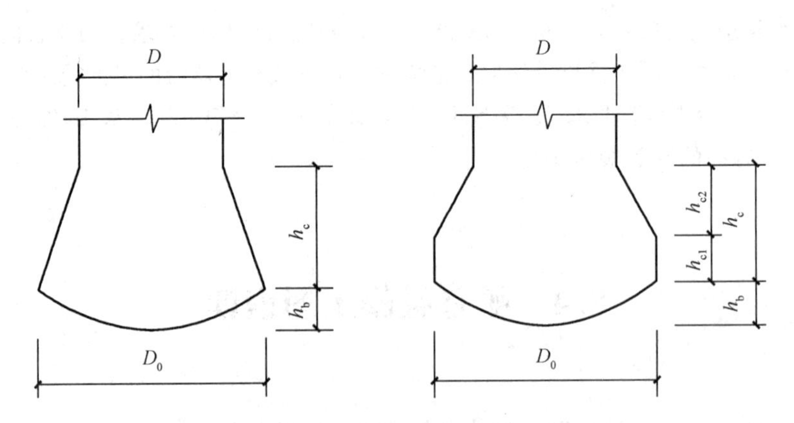

图 5-12　扩底灌注桩扩底端示意

(3)注写桩纵筋，包括桩周均布的纵筋根数、钢筋种类、直径、从桩顶起算的纵筋配置长度。

1)通长等截面配筋：注写全部纵筋如 10⌀20。

2)部分长度配筋：注写桩纵筋如 8⌀18/ L_1 ，其中 L_1 表示从桩顶起算的入桩长度。

3)通长变截面配筋：注写桩纵筋包括通长纵筋 10⌀20；非通长纵筋 8⌀18/ L_1 ，其中 L_1 表示从桩顶起算的入桩长度。通长纵筋与非通长纵筋沿桩周间隔均匀布置。

【例】 15⌀20，15⌀18/6000，表示采用通长变截面配筋方式，桩通长纵筋为 15⌀20；桩非通长纵筋为 15⌀18，从桩顶起算的入桩长度为 6 000 mm。实际桩上段纵筋为 15⌀20＋15⌀18，通长纵筋与非通长纵筋间隔均匀布置于桩周。

(4)以大写字母 L 打头，注写桩螺旋箍筋，包括钢筋种类、直径与间距。

1)用斜线"/"区分桩顶箍筋加密区与桩身箍筋非加密区长度范围内箍筋的间距。《混凝土结构施工图平面整体表示方法制图规则和构造详图(独立基础、条形基础、筏形基础、桩基础)》(22G101—3)图集中箍筋加密区为桩顶以下 $5D$(D 为桩身直径)，若与实际工程情况不同，需设计者在图中注明。

2)当桩身位于液化土层范围内时，箍筋加密区长度应由设计者根据具体工程情况注明，或者箍筋全长加密。

【例】 L⌀8@100/200，表示箍筋强度级别为 HRB400 钢筋，直径为 8 mm，加密区间距为100 mm，非加密区间距为 200 mm，L 表示采用螺旋箍筋。

【例】 L⌀8@100，表示沿桩身纵筋范围内箍筋均为 HRB400 钢筋，直径为 8 mm，间距为100 mm，L 表示采用螺旋箍筋。

(5)注写桩顶标高。

(6)注写单桩竖向承载力特征值，单位以 kN 计。

列表注写方式应按国家建筑标准设计图集《混凝土结构施工图平面整体表示方法制图规则和构造详图(独立基础、条形基础、筏形基础、桩基础)》(22G101—3)的有关规定确定，本模块不作介绍。

【例 5-3】 如图 5-13 所示为某建筑楼桩基础的局部平法施工图，请分析图中平法数据的含义。

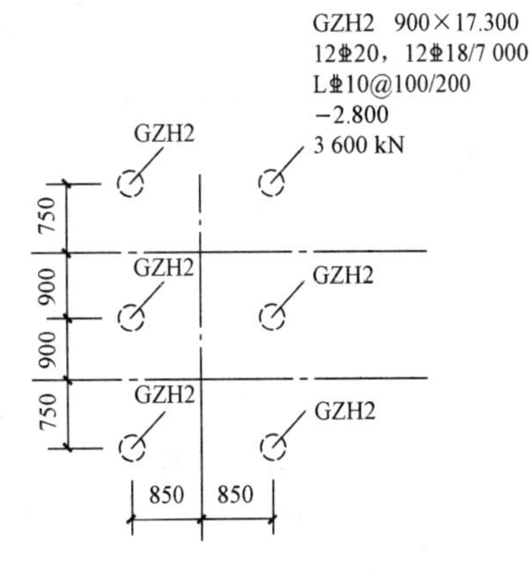

图 5-13 【例 5-3】图

【解】 根据国家建筑标准设计图集《混凝土结构施工图平面整体表示方法制图规则和构造详图(独立基础、条形基础、筏形基础、桩基础)》(22G101—3)可知：

(1)图中的集中标注含义为：

编号为 2 的灌注桩，桩的直径为 900 mm，桩长为 17.3 m；

桩周均布的纵筋采用通长变截面配筋方式，桩通长纵筋为 12⌀20；桩非通长纵筋为 12⌀18，从桩顶起算的入桩长度为 7 000 mm。实际桩上段纵筋为 12⌀20＋12⌀18，通长纵筋与非通长纵筋间隔均匀布置于桩周；

桩采用螺旋箍筋，箍筋强度级别为 HRB400 钢筋，直径为 10 mm，加密区间距为 100 mm，非加密区间距为 200 mm；

桩顶标高为−2.8 m；

单桩竖向承载力特征值为 3 600 kN。

(2)图中的原位标注含义为：

桩基础 x 向的桩间距离为 1 700 mm，y 向的桩间距离为 1 650 mm。

2. 桩基承台平法施工图的表示方法

桩基承台平法施工图，有平面注写、列表注写、截面注写三种表达方式，设计者可根据具体工程情况选择一种，或将两种方式相结合进行桩基承台施工图设计。编号相同的桩基承台，可仅选择一个进行标注。

(1)桩基承台编号。桩基承台分为独立承台和承台梁，分别按表 5-2 和表 5-3 的规定编号。

表 5-2 独立承台编号表

类型	独立承台截面形状	代号	序号	说明
独立承台	阶形 锥形	CTj CTz	×× ××	单阶截面即为平板式独立承台

表 5-3 承台梁编号表

类型	代号	序号	跨数及有无外伸
承台梁	CTL	××	(××)端部无外伸 (××A)一端有外伸 (××B)两端有外伸

(2)独立承台的平面注写方式。独立承台的平面注写方式，分为集中标注和原位标注两部分内容。

独立承台的集中标注，是在承台平面上集中引注：独立承台编号、截面竖向尺寸、配筋三项必注内容，以及承台板底面标高(与承台底面基准标高不同时)和必要的文字注解两项选注内容。具体规定如下：

1)注写独立承台编号(必注内容)，编号由代号和序号组成，应符合表 5-2 的要求。

2)注写独立承台截面竖向尺寸(必注内容)，即注写 $h_1/h_2/\cdots\cdots$，具体标注为：图 5-14(a)所示为两阶，当为多阶时各阶尺寸自下而上用“/”分隔顺写。当阶形截面独立承台为单阶时，截面竖向尺寸仅为一个，且为独立承台总高度，示意图如图 5-14(b)所示。

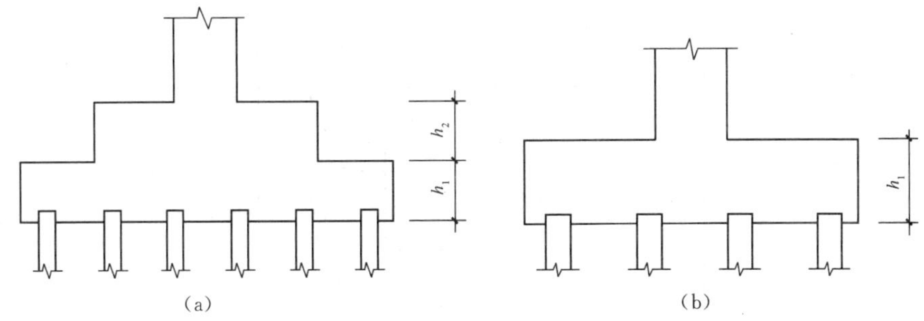

图 5-14　阶形截面独立承台竖向尺寸

(a)多阶截面独立承台竖向尺寸；(b)单阶截面独立承台竖向尺寸

3)注写独立承台配筋(必注内容)。底部与顶部双向配筋应分别注写，顶部配筋仅用于双柱或四柱等独立承台。当独立承台顶部无配筋时，则不注顶部。注写规定如下：

①以 B 打头注写底部配筋，以 T 打头注写顶部配筋。

②矩形承台 x 向配筋以 X 打头，y 向配筋以 Y 打头；当两向配筋相同时，则以 X&Y 打头。

③当为等边三桩承台时，以"△"打头，注写三角布置的各边受力钢筋(注明根数并在配筋值后注写"×3")。

【例】　△6⌀25@150×3，表示等边三桩承台每边各配置 6 根直径为 25 mm 的 HRB400 钢筋，间距为 150 mm。

④当为等腰三桩承台时，以"△"打头注写等腰三角形底边的受力钢筋＋两对称斜边的受力钢筋(注明根数并在两对称配筋值后注写"×2")。

【例】　△5⌀22@150＋6⌀22@150×2，表示等腰三桩承台底边配置 5 根直径为 22 mm 的HRB400 钢筋，间距为 150 mm；两对称斜边各配置 6 根直径为 22 mm 的 HRB400 钢筋，间距为 150 mm。

⑤当为多边形(五边形或六边形)承台或异形独立承台，且采用 x 向和 y 向正交配筋时，注写方式与矩形独立承台相同。

⑥两桩承台可按承台梁进行标注。

4)注写基础底面标高(选注内容)。当独立承台的底面标高与桩基承台底面基准标高不同时，应将独立承台底面标高注写在括号内。

5)必要的文字注解(选注内容)。当独立承台的设计有特殊要求时，宜增加必要的文字注解。

(3)独立承台的原位标注。独立承台的原位标注，是在桩基承台平面布置图上标注独立承台的平面尺寸，相同编号的独立承台，可仅选择一个进行标注，其他仅注编号。注写规定如下：

矩形独立承台的原位标注 x、y，x_i、y_i，a_i、b_i，i＝1，2，3……。其中，x、y 为独立承台两向边长，x_i、y_i 为阶宽或锥形平面尺寸，a_i、b_i 为桩的中心距及边距(a_i、b_i 根据具体情况可不注)，如图 5-15 所示。

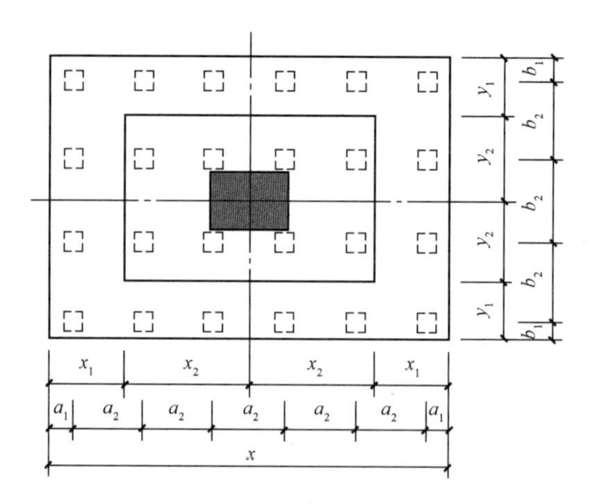

图 5-15　矩形独立承台平面原位标注

其他类型独立承台的原位标注、承台梁的平面注写方式应按国家建筑标准设计图集《混凝土结构施工图平面整体表示方法制图规则和构造详图(独立基础、条形基础、筏形基础、桩基础)》(22G101—3)的有关规定确定。

【例 5-4】 如图 5-16 所示为某建筑楼桩基础承台的局部平法施工图，请分析桩承台平法数据中集中标注的含义。

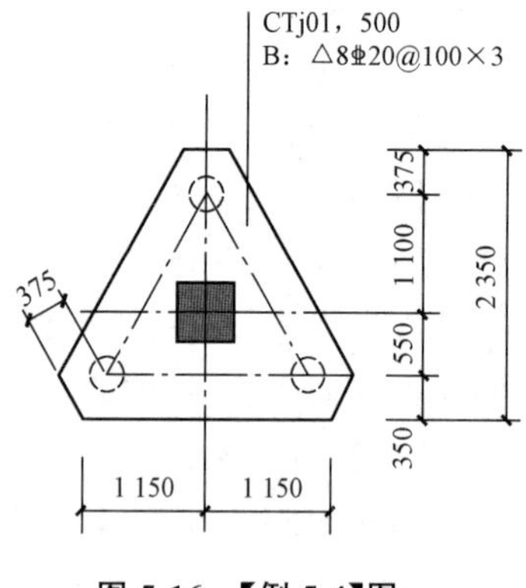

图 5-16　【例 5-4】图

【解】 根据国家建筑标准设计图集《混凝土结构施工图平面整体表示方法制图规则和构造详图(独立基础、条形基础、筏形基础、桩基础)》(22G101—3)可知，图中的集中标注含义为：

编号为 1 的阶形独立承台，承台高为 500 mm；

等边三桩承台底部配筋为：每边各配置 8 根直径为 20 mm 的 HRB400 钢筋，间距为 100 mm。

思考与练习

1. 桩可分为哪几种类型？端承桩与摩擦桩的受力情况有什么不同？
2. 何为单桩竖向承载力？确定单桩竖向承载力的方法有哪几种？
3. 如何确定单桩竖向承载力特征值？
4. 简述桩基础设计步骤。

素质拓展

本模块介绍了桩基础的设计理念和施工图的识读方法，通过引入距今约 6 500 年河姆渡遗址发掘的成排木桩及建筑大师喻浩设计建造的开封开宝寺木塔等经典案例，彰显了我国人民所具有的高超智慧和科学精神。同学们应该从这些案例中深刻地理解基础设计的原理，领悟到我国优秀的建筑历史文化，从而建立起文化自信和民族自豪感。

模块 6　地基处理

6.1　地基处理的基本概念

当建筑物直接建造在未经加固的天然土层上时，这种地基称为天然地基。若天然地基不能满足强度和变形等要求，为提高地基强度，改善其变形性质或渗透性质而采取的技术措施称为地基处理，所形成的地基称为人工地基。

6.1.1　地基处理的目的

地基处理的目的是采取切实有效的措施，改善地基的工程性质，满足建筑物的要求。具体来说，可以概括为以下几个方面：

(1)提高地基强度，增加其稳定性；

(2)降低地基的压缩性，减少其变形；

(3)改善地基的渗透性，减少其渗透或加强其渗透稳定性；

(4)改善地基的动力特性，以提高其抗震性能；

(5)改良地基的某种特殊不良特性，满足工程性质的要求。

在以上几个方面中，提高地基的强度和减少地基的变形，是地基处理所应达到的基本的和常见的目的。

目前，建筑物地基所面临的问题主要有以下几种。

1. 地基的强度和稳定性问题

若地基的抗剪强度不足以支承上部荷载时，地基就会产生局部剪切或整体滑动破坏，它将影响建筑物的正常使用，甚至成为灾难。如加拿大特朗斯康谷仓地基滑动，引起上部结构倾倒，即此类典型实例。

2. 地基的变形问题

当地基在上部荷载作用下，产生严重沉降或不均匀沉降时，就会影响建筑物的正常使用，甚至发生整体倾斜、墙体开裂、基础断裂等事故。如意大利的比萨斜塔即此类典型实例。当地基土的渗透性差时，地基在上部荷载作用下的固结速率很慢，则建筑物基础的沉降往往需要拖延很长时间才能稳定，同样在荷载作用下地基土的强度增长也很缓慢，这对于改善地基土的工程特性是十分不利的。

3. 地基的渗漏与溶蚀

如水库地基渗漏严重的问题，必须结合地形地质条件，进行水库的防渗设计。

4. 地基液化与振沉

在强烈地震作用下，会使地下水水位以下的松散粉细砂和粉土产生液化，使地基丧失承载力，建筑也会因地基液化问题而倾倒。

6.1.2 地基处理的对象

地基处理的对象是软弱地基和不良地基。软弱地基是指主要由淤泥、淤泥质土、冲填土、杂填土或其他高压缩性土层构成的地基；不良地基是指饱和松散粉细砂、湿陷性黄土、膨胀土、红黏土、盐渍土、冻土、岩溶与土洞等特殊土构成的地基，大部分带有区域性特点。

6.2 地基处理方法分类

地基处理方法按加固机理不同，可分为换土垫层法、强夯法、预压法、挤密法、振冲法和化学加固法等多种。

视频：地基处理方法的分类

6.2.1 换土垫层法

1. 加固原理及适用范围

换土垫层法是将天然软弱土层挖去，分层回填强度较高、压缩性较低且无腐蚀性的砂石、素土、灰土、工业废料等材料，压实或夯实后作为地基垫层(持力层)，也称换填法或开挖置换法。

换土垫层法适用于如淤泥、淤泥质土、湿陷性黄土、素填土、杂填土、暗塘等浅层软弱土的处理，常用于轻型建筑、地坪、堆料场和道路工程等地基处理工程中。换填土层的厚度宜为 0.5～3.0 m。

换土垫层的作用是提高地基承载力，并通过垫层的应力扩散作用，减少垫层下天然土层所承受的压力，从而使地基强度满足要求；垫层置换了软弱土层，从而可减小地基的变形量；加速软土层的排水固结；调整不均匀地基的刚度；对湿陷性黄土、膨胀土或季节性冻土等特殊土，其目的主要是消除或部分消除地基土的湿陷性、胀缩性或冻胀性。

2. 垫层的设计要点

垫层设计不但要满足建筑物对地基承载力和变形的要求，而且要符合经济合理的原则。其内容主要是确定垫层断面的厚度、宽度及垫层承载力。

6.2.2 强夯法

强夯法是法国 Menard 技术公司在 1969 年首创的，通过 8～30 t 的重锤和 8～20 m 的落距，利用重锤自由下落时的冲击能来夯实浅层填土地基，使表面形成一层较为均匀的硬层来承受上部载荷，如图 6-1 所示。

图 6-1 强夯法

1. 加固原理及适用范围

强夯法主要是利用强大的夯击能，迫使深层土液化和动力固结密实，可使地基产生四种作用。一是加密作用。强夯时的强大冲击能使气体压缩、孔隙水压力升高，随后在气体膨胀、孔隙水排出的同时，孔隙水压力减小。每夯一遍，孔隙水和气体的体积都有减小，土体得到加密。二是液化作用。在巨大的冲击应力作用下，土中孔隙水压力迅速提高，当孔隙水压力上升到与覆盖压力相等时，土体即产生液化，土的强度消失，土粒可自由地重新排列。三是固结作用。强夯时在地基中所产生的超孔隙水压力大于土粒之间的侧向压力时，土粒之间便会出现裂隙，形成排水通道。此时，增大土的渗透性，孔隙水得以顺利排出，加速了土的固结。四是土体触变恢复，并固结压密土体。

强夯法适用于碎石土、砂土、杂填土、低饱和度的粉土与黏性土、湿陷性黄土和人工填土等地基的加固处理。对饱和度较高的淤泥和淤泥质土，使用时应慎重。

近年来，对高饱和度的粉土与黏性土地基，有人采用强夯施工方法，边夯边填碎石、块石或其他粗颗粒材料，最后形成碎石桩与软土的复合地基，该方法称为强夯置换。如深圳国际机场即采用强夯块石墩法加固跑道范围内地基土。

2. 强夯法的设计要点

应用强夯法加固软弱土地基，一定要根据现场的地质条件和工程使用要求，正确地选用各项技术参数。这些参数包括单击夯击能、夯击遍数、时间间隔、加固范围、夯点布置等。

6.2.3 预压法

1. 加固原理及适用范围

预压法是指在建筑物建造以前，在地基上进行堆载预压或真空预压，或堆载和真空预压联合预压，形成固结压密后的地基，如图 6-2 所示。通过预压的方法，排水固结，使地基的固结沉降基本完成，以提高地基土强度。

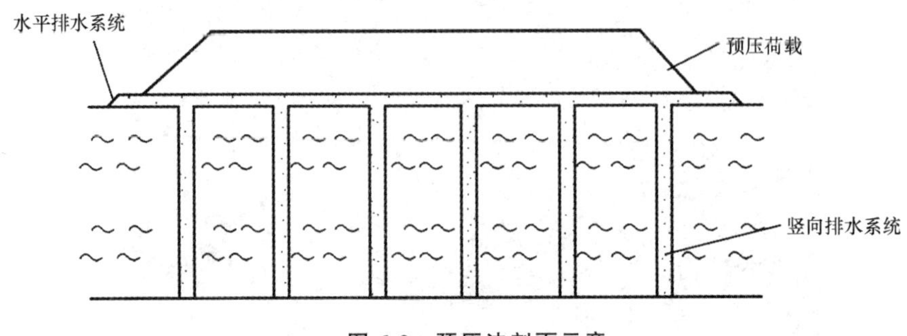

图 6-2 预压法剖面示意

预压法应合理安排预压系统和排水系统。预压系统有堆载预压、真空预压及联合预压；排水系统有普通砂井、袋装砂井和塑料排水带三种类型。普通砂井的直径可取 300～500 mm；袋装砂井的直径可取 70～100 mm；塑料排水带的换算直径可按相关理论公式计算而得。砂井地基的施工一般有专用的机械，普通砂井通常用打入式的打夯机或用射水砂井机施打；袋装砂井和塑料排水带则分别用袋装砂井机和插板机施工。

预压地基适用于淤泥、淤泥质土、冲填土等饱和黏土的地基处理。

2. 分类

预压地基按地基处理工艺可分为堆载预压、真空预压、真空和堆载联合预压。

(1)堆载预压法。堆载预压法是在建筑物建造之前，在地基土中打入砂井，并在建筑场地进行加载预压，使地基的固结沉降基本完成和提高地基土强度的方法。

(2)真空预压法。先在地面设一层透水的砂及砾石，形成竖向砂井与水平砂和砾石的排水层的有效连接，并在水平砂、砾石层上覆盖不透气的薄膜材料如橡皮布、塑料布、黏土或沥青等，然后用射流泵抽气使透水材料中保持较高的真空度，使土体排水固结。

在膜下抽气时，气压减小，与膜外部大气压形成压力差，此压力差值相当于作用在膜上的预压荷载，如图 6-3 所示。

真空预压和堆载预压比较具有如下优点：不需堆载材料，节省运输与造价；场地清洁，噪声小；不需分期加荷，工期短；可在很软的地基采用。

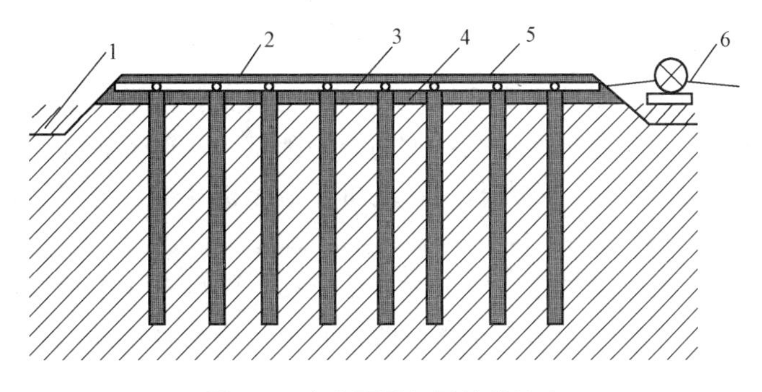

图 6-3　真空预压加固地基示意

1—黏土密封；2—密封膜；3—砂垫层；4—袋装砂井；5—排水管；6—射流泵

(3)真空和堆载联合预压法。真空和堆载联合预压法适用于设计地基预压荷载大于80 kPa时，且采用真空预压处理地基不能满足设计要求的情况。真空和堆载联合预压法是将堆载预压与真空预压综合使用的方法，预压效果好于单独的预压效果。

6.2.4　水泥粉煤灰碎石桩复合地基

水泥粉煤灰碎石桩(简称 CFG 桩)是由水泥、粉煤灰、碎石、石屑或砂加水拌和形成的高黏结强度桩，与桩间土、褥垫层一起形成复合地基，如图 6-4 所示。

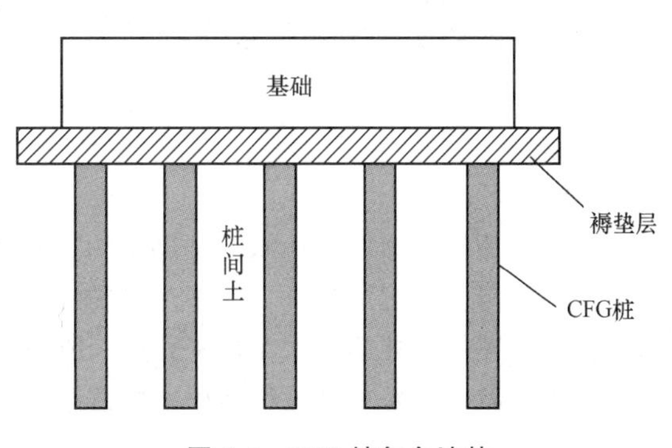

图 6-4　CFG 桩复合地基

CFG 桩适用于处理黏性土、粉土、砂土和自重固结已经完成的素填土地基。对淤泥质土应按地区经验或通过现场试验确定其适用性。

CFG 桩复合地基通过褥垫层与基础连接，无论桩端落在一般土层还是坚硬土层，均可保证桩间土始终参与工作。由于桩体的强度和模量比桩间土大，在荷载作用下，桩顶应力比桩间土表面应力大。桩可将承受的荷载向较深的土层中传递并相应减少了桩间土承担的荷载。这样，由于桩的作用使复合地基承载力提高，变形减小，再加上 CFG 桩不配筋，桩体利用工业废料粉煤灰作为掺和料，大大降低了工程造价。

6.2.5　挤密法和振冲法

在砂土中通过机械振动挤压或加水振动可以使土密实。挤密法和振冲法就是利用这个原理发展起来的两种地基加固方法。

1. 挤密法

挤密法是指在软弱土层中挤土成孔，从侧向将土挤密，然后将碎石、砂、灰土等填料充填密实形成桩体，并与原地基形成一种复合型地基，从而改善地基的工程性能。其可分为沉管挤密砂(或碎石)桩、石灰桩、灰土桩、渣土桩和爆扩桩等。常用的挤密法是土挤密桩地基。

土挤密桩地基采用沉管、冲击或爆破等方法成孔，然后在孔中填以素土(黏性土)或灰土，分层捣实，形成土桩。土桩与挤密后的桩间土组成复合地基，共同承受基础所传递的荷载，如图 6-5 所示。

图 6-5　土挤密桩地基

2. 振冲法

振冲法利用振冲器在高压水流帮助下的振冲作用，使地基孔中的填料形成桩体，置换软弱土体，并与桩间土形成复合地基。对黏性土地基，振冲法主要起置换作用；对中细砂和粉土，除置换作用外还有振实挤密作用。所以，振冲法用于黏性土地基被称为振冲置换法，而应用于砂土地基时又被称为振冲挤密法。常用的振冲法是振冲碎石桩地基。

振冲碎石桩地基是指用振动或冲击荷载将底部装有活瓣式桩靴的桩管挤入地层，在软弱地基中成孔后，再将碎石从桩管投料口处投入桩管内，然后边击实、边上拔桩管，形成密实碎石桩，并与桩周土体一起形成复合地基，如图 6-6 所示。

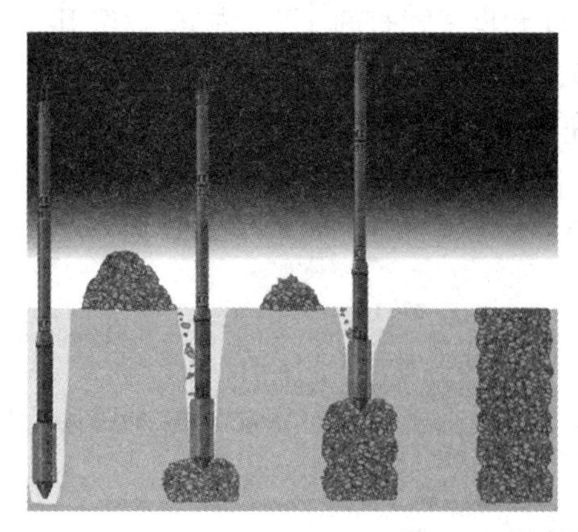

图 6-6　振冲碎石桩地基

6.2.6 化学加固法

化学加固法是指利用水泥浆液、黏土浆液或其他化学浆液通过灌注压入、机械搅拌或高压喷射，使浆液与土颗粒胶结起来，使土体强度提高、变形减小、渗透性降低的地基处理方法。化学加固法适用于建筑地基的局部加固处理，适用于砂土、粉土、黏性土和人工填土等地基加固。本节将分别介绍灌浆法、高压喷射注浆法和水泥土搅拌法。

1. 灌浆法

灌浆法是指利用液压、气压或电化学原理，通过注浆管将浆液均匀地注入地层中，浆液通过填充、渗透和挤密等方式，赶走土体颗粒之间或岩石裂隙中的水汽后占据其位置，硬化后形成一个结构新、强度大、防水性能高和化学稳定性良好的固结体。

2. 高压喷射注浆法

高压喷射注浆法是利用钻杆将带喷嘴的注浆管钻至土层的预定位置，以高压设备使浆液或水和气成为 20 MPa 左右的高压流从喷嘴中喷射出来，冲击破坏土体，使浆液与土体强制混合，形成固结体。

固结体的形状和喷射流移动的方向有关，一般可分为旋转喷射(简称旋喷)、定向喷射(简称定喷)和摆动喷射(简称摆喷)三种注浆形式，如图 6-7 所示。

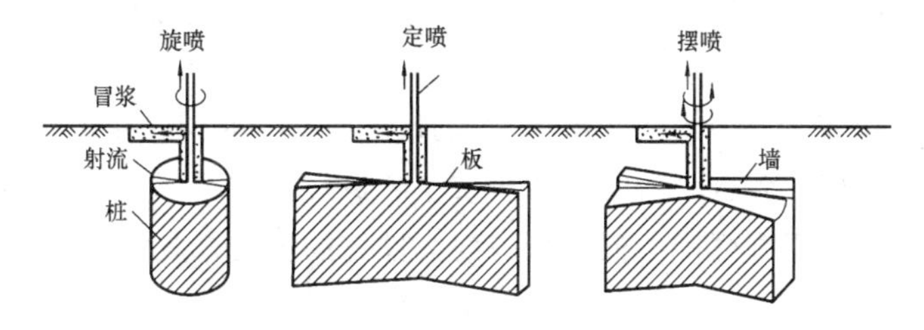

图 6-7　高压喷射注浆法

3. 水泥土搅拌法

水泥土搅拌法根据施工工艺的不同，可分为深层搅拌法(简称湿法)和物体喷搅法(简称干法)两种具体方法。两者同属于低压机械搅拌法，具有施工效率高、成本低、施工场地小、无环境污染等优点，是目前国内外用得较多的软土加固技术。其中，深层搅拌法适用范围更广。

深层搅拌法是利用水泥作为固化剂，通过深层搅拌机械，在加固深度内将软土和水泥强制拌和，结硬成具有整体性和足够强度的水泥土桩或地下连续墙，如图 6-8 所示。

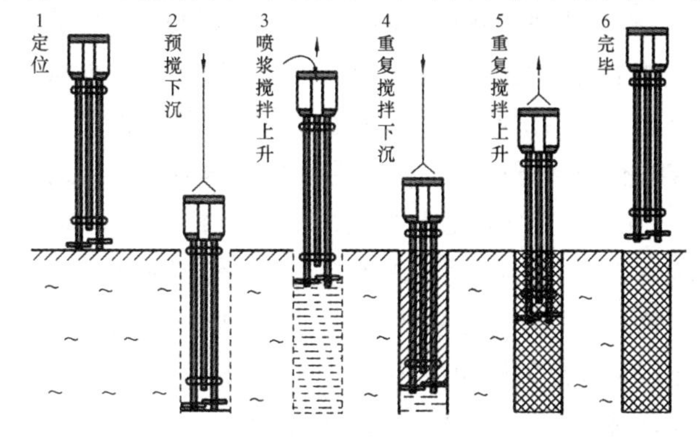

图 6-8　水泥土搅拌法

6.3　软弱地基利用与处理

(1)利用软弱土层作为持力层时，应符合下列规定：

1)淤泥和淤泥质土，宜利用其上覆较好土层作为持力层，当上覆土层较薄时，应采取避免施工时对淤泥和淤泥质土扰动的措施；

2)冲填土、建筑垃圾和性能稳定的工业废料，当均匀性和密实度较好时，可利用作为轻型建筑物地基的持力层。

(2)局部软弱土层以及暗塘、暗沟等，可采用基础梁、换土、桩基或其他方法处理。

(3)当地基承载力或变形不能满足设计要求时，地基处理可选用机械压实、堆载预压、真空预压、换填垫层或复合地基等方法。处理后的地基承载力应通过试验确定。

(4)机械压实包括重锤夯实、强夯、振动压实等方法，可用于处理由建筑垃圾或工业废料组成的杂填土地基，处理有效深度应通过试验确定。

(5)堆载预压可用于处理较厚淤泥和淤泥质土地基。预压荷载宜大于设计荷载，预压时间应根据建筑物的要求以及地基固结情况决定，并应考虑堆载大小和速率对堆载效果和周围建筑物的影响。采用塑料排水带或砂井进行堆载预压和真空预压时，应在塑料排水带或砂井顶部作排水砂垫层。

(6)换填垫层(包括加筋垫层)可用于软弱地基的浅层处理。垫层材料可采用中砂、粗砂、砾砂、角(圆)砾、碎(卵)石、矿渣、灰土、黏性土以及其他性能稳定、无腐蚀性的材料。加筋材料可采用高强度、低徐变、耐久性好的土工合成材料。

6.4　地基处理的效果检验

(1)地基处理后载荷试验的数量，应根据场地复杂程度和建筑物重要性确定。对于简单场地上的一般建筑物，每个单体工程载荷试验点数不宜少于 3 处；对复杂场地或重要建筑物应增加试验点数；处理地基的均匀性检验深度不应小于设计处理深度；复合地基除应进行静载试验外，还应进行竖向增强体及周边土的质量检验。

(2)在填土压实的过程中，应分层取样检验土的干密度和含水量。检验点数量，对大基坑每 50～100 m^2 面积内不应少于一个检验点；对基槽每 10～20 m 不应少于一个检验点；每个独立柱基不应少于一个检验点。采用贯入仪或动力触探检验垫层的施工质量时，分层检验点的间距应小于 4 m。根据检验结果求得的压实系数，不得低于《建筑地基基础设计规范》(GB 50007—2011)的规定。

(3)压实系数可采用环刀法、灌砂法、灌水法或其他方法检验。

(4)预压处理的软弱地基，在预压前后应分别进行原位十字板剪切试验和室内土工试验。预压处理的地基承载力应进行现场载荷试验。

(5)强夯地基的处理效果应采用载荷试验结合其他原位测试方法检验。强夯置换的地基承载力检验除应采用单墩载荷试验检验外，还应采用动力触探等方法查明施工后土层密度随深度的变化。强夯地基或强夯置换地基载荷试验的压板面积应按处理深度确定。

(6)砂石桩、振冲碎石桩的处理效果应采用复合地基载荷试验方法检验。大型工程及重要建筑应采用多桩复合地基载荷试验方法检验；桩间土应在处理后采用动力触探、标准贯入、静力触探等原位测试方法检验。砂石桩、振冲碎石桩的桩体密实度可采用动力触探方法检验。

(7)水泥土搅拌桩成桩后可进行轻便触探和标准贯入试验结合钻取芯样、分段取芯样做抗压强度试验评价桩身强度。

(8)水泥土搅拌桩复合地基承载力检验应进行单桩载荷试验和复合地基载荷试验。

(9)复合地基应进行桩身完整性和单桩竖向承载力检验以及单桩或多桩复合地基载荷试验，施工工艺对桩间土承载力有影响时还应进行桩间土承载力检验。

6.5 强夯法地基处理实例

6.5.1 工程概况

为了确保地基承载力能满足设计要求，需对表面处理车间地基近 9 000 m^2 进行地基处理，本工程采用真空降排水低能量强夯法，以避免对相邻建筑产生不利影响。

强夯处理后，场区地基强度和沉降满足如下设计要求：加固的有效深度不小于 4 m；地基承载力标准值不小于 100 kPa；压缩模量不小于 8 MPa。

6.5.2 施工部署

强夯施工按三遍进行，第一、二遍强夯根据现场柱距来计划设置夯点间距为 4 m×6 m，呈梅花形布置，第三遍强夯为搭接满夯。每遍强夯时必须保留外围封闭管，并继续抽水，确保场地内的地下水水位不急剧上升，直至三遍强夯结束。第一遍强夯后考虑到不能对土体重复扰动，可在第二遍强夯前对场地进行推平，第二、三遍强夯后，将场地用推土机推平，并进行地面沉降、地下水水位观测，在满足设计规定的间隙期后再进行下一遍的夯击。

地基强夯处理后，委托有资质的第三方进行检测，合格后方可进行下道工序的施工。

6.5.3 施工工艺流程

施工工艺流程如图 6-9 所示。

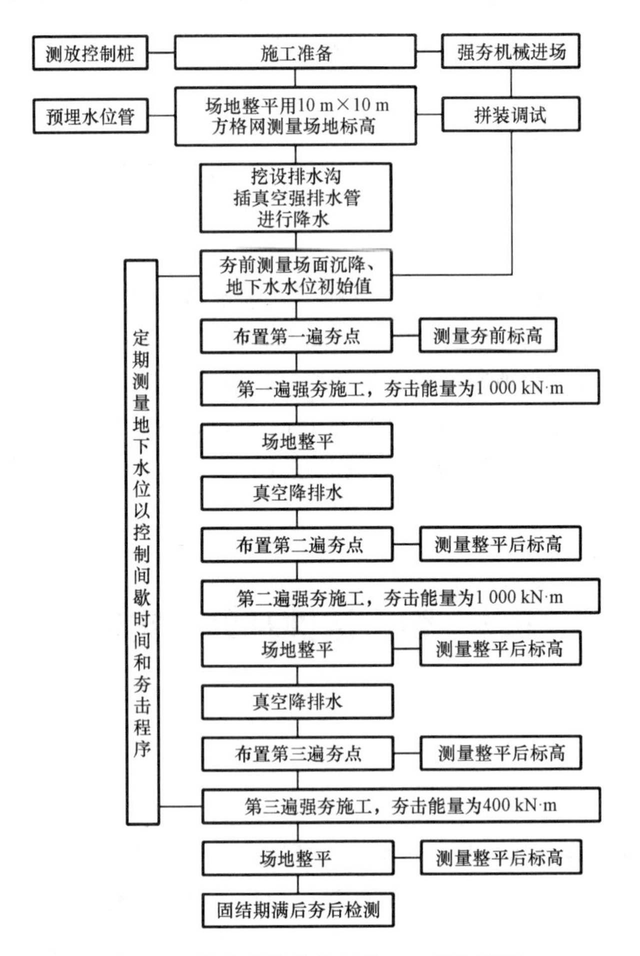

图 6-9　强夯法地基处理施工工艺流程图

6.5.4 施工方法

1. 高真空降水施工

(1)高真空降水施工流程。准备工作→铺放总管→埋设支管→支管总管连接→真空泵安装→调试→抽水→水位观测→拆除→强夯。

(2)施工工艺。

1)井位布置：按井位设计平面图(图 6-10)安置抽水机组、总管。

在降水明沟内侧布置外围封闭管，外围封闭管与明沟一样要求相互贯通，外围封闭管井点管间距为 2 m，距围墙边线距离为 2 m。

采用一长一短相间的井点管布置方式，短井点管管长为 3 m，长井点管管长为 6 m，井点间距为 4 m，卧管间距为 4 m，要求 3 m 深井点管周围灌粗砂从孔底至地面下 50 cm，孔口地面以下 50 cm 内用黏土或淤泥质土封死。第一遍强夯后立即插管降水，降水水位至 2.5 m 以下，连续 72 小时不间断降水，并将夯坑及地表的明水及时排出；第二遍降水要求降至地面 3 m 以下，连续降水 7 天，并将夯坑及地表的明水及时排出；第三遍降水要求降至地面 3 m 以下，连续降水 7 天。

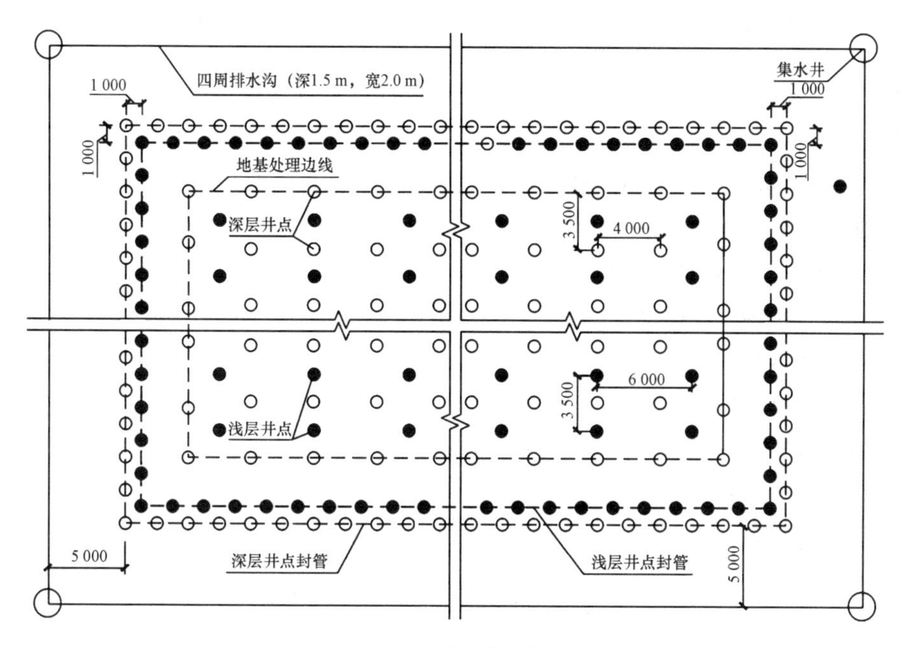

图 6-10　井位设计平面图

2)成孔：水冲法成孔，外径约 150 mm。

3)下井管：孔深度达到设计要求才能下管，管顶外露约 20 cm。

4)填滤砂：采取动水投砂，当成孔水逐步澄清，即投砂(长管 6 m 可采用粉细砂，短管 3 m 采用粗砂)。在管井周围均匀回填，孔口 50 cm 用淤泥或黏土封死。

5)设备安装：井点管与总管、真空泵机组连接后，进行运行调试，检查是否有漏气及死管的情况，发现问题应及时采取措施进行补救。

6)抽水运行：真空泵机组安装真空表，注意真空度情况的变化，出水应先浊后清。

7)进行 24 小时水位跟踪观测，水位下降达到设计要求和抽水时间满足设计要求后，方可拆除施工区域内井点管和卧管，进行强夯。

由于土层中有淤泥质黏土存在，该类土质渗透系数很小，可能导致井点降水难以达到预期效果，发生这种情况时应根据具体情况采取相应措施(如增设井点管，延长抽水时间等)。

2. 低能量强夯施工

(1)强夯施工准备。

1)低能量强夯施工参数汇总，见表 6-1。

表 6-1 低能量强夯施工参数

夯点布置			夯击击数			夯击能/(kN·m)		
第 1 遍	第 2 遍	第 3 遍	第 1 遍	第 2 遍	第 3 遍	第 1 遍	第 2 遍	第 3 遍
4 m×6 m	4 m×6 m		6	6	2	1 000	1 000	400

夯击能量及遍数可根据现场土质情况，通过现场监理认可，作适当调整。

2)强夯区测量定位，测量控制桩，埋设轴线桩和水准点桩。

3)夯锤要求重 10~10.5 t，锤底面直径为 2.5 m，要求有出气孔。

(2)强夯施工。

1)平整场地，按设计图测放第一遍夯点。

2)测量地面沉降、地下水水位初始值，经真空排水后地下水水位降至地面以下 2.5 m。

3)夯机就位，夯锤中心对准夯点。

4)测量夯点标高，作记录。

5)标定落距，将控制落距的脱钩器钢丝绳长度固定。

6)测量夯前锤顶标高，作记录。

7)将夯锤升起到规定高度，待夯锤脱钩自由落下后，放下吊钩测量锤顶高程，并作记录。

8)夯完及时用推土机整平场地。

9)采用 15 m×12 m 方格网测量第一遍夯后地面沉降，并立即进行插管进行真空降水，连续降水 7 天，观测地下水水位的变化情况，地下水水位到地面以下 3 m 后，即拆管进行第二遍强夯。

10)测放第二遍夯点，第二遍夯点为第一遍夯点的中心位置。第一、二遍夯击能量均为1 000 kN·m，夯击数为 6 击。

11)第一遍强夯根据现场情况考虑采用路基箱进行操作，第一、二遍强夯采用 25 t 履带式起重机 10 t 夯锤进行夯击。

12)夯完及时用推土机整平场地。

13)采用 12 m×24 m 方格网测量第二遍夯后地面沉降，并立即进行插管进行真空降水，连续降水 7 天，观测地下水水位的变化情况，地下水水位到地面以下 3 m 后，即进行第三遍强夯。

14)第三遍强夯为满夯，需把施工的外边用灰线测放出来，并作好夯前场地标高和夯后推平之后场地标高的测放和记录。

15)第三遍强夯为搭接满夯，搭接为不小于 1/4 夯锤直径。

16)按照施工工艺要求，全部施工完毕后，拆除外围封闭管，整平场地。

其他略。

6.6 某工程地基处理方案优化

6.6.1 工程概况

某公园位于某市天花西路东侧，拟建建筑物高 4 层，建筑物长为 50 m，宽为15 m。根据勘察报告，场地的地质情况自上而下为：第一层素填土，厚度为 4～5 m，全场地都有分布；第二层杂填土，厚度为 2 m 左右，局部地段分布；第三层粉土，局部分布；第四层粉质黏土，局部分布；第五层粉砂层，土质极不均匀。

建筑物的总荷载 P=50 m×15 m×4 层×25 kN/m^2=75 000 kN

按照复合地基承载力 220 kPa 计算，处理的基础面积 A=75 000/220=341(m^2)。

根据地质情况，本场地可以采用的地基处理方式有深层搅拌桩、粉煤灰水泥碎石桩和换土垫层三种。

6.6.2 处理方案对比

1. 深层搅拌桩

(1)处理范围。只处理基础面积以内，要求处理后复合地基承载力达到 220 kPa。根据基础平面图统计，处理的基础面积约为 341 m^2。

(2)处理要求。复合地基承载力达到 220 kPa。

(3)综合对比因素。

1)搅拌桩桩径为 600 mm，桩长为 7.8 m，总根数为 540 根，工程造价约为 26 万元，总工期为 25 天。

2)现场所需电力：50 kW，一般施工场地电力都能满足要求。

3)施工质量、可行性：本场地填土质量较好，没有体积庞大的开山石块，成桩容易。填土中局部地段有砖块，由于砖块直径一般小于 24 cm，不但对施工不影响，还能作为搅拌桩的骨料，提高搅拌桩的强度。施工质量容易保证。

4)场容：施工没有噪声，非常安静，利于周围居民的休息，可以 24 小时不间断施工。施工不排土出来，场容整洁。施工无振动，对周围的房子不造成危害。

2. 粉煤灰水泥碎石桩

(1)处理范围。只处理基础面积以内，处理的基础面积约为 341 m^2。

(2)处理要求。复合地基承载力达到 220 kPa。

(3)综合对比因素。

1)粉煤灰水泥碎石桩桩径为500 mm，桩长为14 m，总根数为208根，工程造价约为33万元，总工期为25天。

2)电力要求达到100 kW，电力要求较大。

3)施工质量、可行性：本场地填土质量较好，没有体积庞大的开山石块，成桩容易。填土中局部地段有砖块，由于砖块直径一般小于24 cm，对施工不构成影响。下部的黏土层为可塑到硬塑状态，施工可行。施工质量易保证。

4)场容：施工噪声较大，只能白天施工。施工不排土出来，场容也较整洁。施工具有强烈振动，对距离较近的周围的房子会造成振动危害。

3. 换土垫层

(1)处理范围。换土垫层要求把承载力低的松散的填土挖掉，然后回填砂砾石层，并分层压实。砂垫层处理的层底面积为建筑物分布范围，然后根据放坡的要求，一般为60°，斜挖到地面，每边挖出去3 m。本工程填土厚度为4.4～5.5 m，预计换填平均厚度为5.5 m，工程量如下：挖土量为6 468 m^3，换土垫层量为3 816 m^3。

(2)处理要求。复合地基承载力达到180 kPa。

(3)综合对比因素。

1)造价：挖土运土造价＝6 468 m^3×13元/m^3＝84 084元，换土垫层造价≈3 816 m^3×65元/m^3＝248 040元。两项合计费用约33万元。该造价不包括土方开挖过程所需要的基坑支护所产生的费用。

2)工期：总工期为20天，如果遇到特殊地质情况造成开挖困难，则工期可能会延长。

3)施工质量、可行性：《建筑地基处理技术规范》(JGJ 79—2012)规定，换土垫层不宜超过3 m，但是本场地填土厚度一般达到4～5 m以上，施工难度较大，厚度大则不经济，不可预见因素较多，施工的工期难以保证，造价难以明确。换土垫层只要每层施工压实度满足要求，施工质量是可以保证的。

4)场容：施工挖出大量土方，场容很不整洁，大量的土方外运、砂石运进来，容易对城市造成污染。开挖的较深的基坑，在雨季很容易造成边坡失稳，引发很多环境地质问题。

6.6.3 处理方案优化结果

以上的三种方案中，深层搅拌桩和粉煤灰水泥碎石桩技术上可行、造价适中、工期较短，但是粉煤灰水泥碎石桩施工噪声大，且造价与深层搅拌桩相比也高一点。考虑到深层搅拌桩在当地应用时间较长，且工程例子多、造价省、场容较好，该工程更适宜采用深层搅拌桩进行地基处理。

思考与练习

1. 地基处理的对象和目的是什么？
2. 换土垫层法的作用和适用范围是什么？
3. 预压法的分类及其适用范围是什么？
4. 强夯法加固地基的机理有哪些？
5. 何为水泥粉煤灰碎石桩复合地基？
6. 何为挤密法和振冲法？
7. 化学加固法的分类及其适用范围是什么？

素质拓展

本模块中的意大利比萨斜塔、渗漏的水库地基及因地基液化而倾倒的建筑等案例，充分体现了量变到质变的辩证唯物主义认识论，同学们要从中深刻认识到环境保护、人与自然和谐共生的重要性，牢固树立“绿水青山就是金山银山”理念，不断增强安全质量意识，始终坚持“工程安全第一、质量百年大计”。

模块7 岩土工程勘察

各项工程建设在设计和施工之前，必须按基本建设程序进行岩土工程勘察。岩土工程勘察应按工程建设各勘察阶段的要求，正确反映工程地质条件，查明不良地质作用和地质灾害，精心勘察、精心分析，最终提出资料完整、评价正确的勘察报告。

7.1 岩土工程勘察的基本知识

7.1.1 岩土工程勘察等级

岩土工程勘察等级划分是根据工程重要性等级、场地复杂程度等级和地基复杂程度等级综合分析确定。《岩土工程勘察规范(2009年版)》(GB 50021—2001)将岩土工程勘察分为甲级、乙级和丙级三个等级。

1. 工程重要性等级划分

根据工程的规模和特征，以及由于岩土工程问题造成工程破坏或影响使用的后果，岩土工程勘察可分为三个工程重要性等级。

(1)一级工程：重要工程，后果很严重。

(2)二级工程：一般工程，后果严重。

(3)三级工程：次要工程，后果不严重。

2. 场地等级划分

根据场地的复杂程度，岩土工程勘察可分为三个等级：

(1)一级场地为复杂场地；

(2)二级场地为中等复杂场地；

(3)三级场地为简单场地。

3. 地基等级划分

根据地基的复杂程度，岩土工程勘察可分为三个等级：

(1)一级地基为复杂地基；

(2)二级地基为中等复杂地基；

(3)三级地基为简单地基。

4. 岩土工程勘察等级划分

岩土工程勘察等级是根据工程重要性、场地复杂程度等级、地基等级综合分析确定，应符合表7-1的规定。

表7-1　岩土工程勘察等级划分

勘察等级	确定勘察等级的条件
甲级	在工程重要性、场地复杂程度等级和地基等级中，有一项或多项为一级
乙级	除勘测等级为甲级和丙级以外的勘测项目
丙级	工程重要性、场地复杂程度等级、地基等级均为三级

7.1.2　岩土工程勘察阶段的划分

与工程建设各个设计阶段相对应的岩土工程勘察一般可分为可行性研究阶段勘察、初步勘察、详细勘察和施工勘察。对工程地质条件复杂或有特殊要求的工程宜进行施工勘察；场地较小且无特殊要求的工程可合并勘察阶段；当建筑物平面布置已经确定，且场地或其附近已有岩土工程资料时，可根据实际情况，直接进行详细勘察。

1. 可行性研究阶段勘察

可行性研究阶段勘察应对拟选场址的稳定性和适宜性做出工程地质评价。可行性研究阶段的勘察工作归纳为：

(1)收集场址所在地区的区域地质、地形地貌、地震、矿产和附近地区的工程资料及建筑经验。

(2)在收集和分析已有资料的基础上，进行现场调查，了解场地的地层结构、岩土类型及性质、地下水及不良地质现象等工程地质条件。

(3)对工程地质条件复杂、已有资料不能符合要求的，可根据具体情况进行工程地质测绘及必要的勘探工作。

(4)当有两个或两个以上拟选场地时，应进行比较分析。

2. 初步勘察

初步勘察应符合初步设计要求，其目的是对场地内各建筑地段的稳定性和地基的岩土技术条件做出岩土工程评价，为确定建筑总平面布置，选择建筑物地基基础设计方案和不良地质现象的防治对策进行论证。这一阶段的工作内容如下：

(1)收集拟建工程的有关文件、工程地质和岩土工程资料及工程场地范围的地形图。

(2)初步查明地质构造、地层结构、岩土工程特性、地下水埋藏条件。

(3)查明场地不良地质作用成因、分布、规模、发展趋势，并对场地稳定性做出评价。

(4)对抗震设计烈度等于或大于 6 度的场地，应对场地和地基的地震效应做出初步评价。

(5)季节性冻土区，应调查场地土的标准冻结深度。

(6)初步判定水和土对建筑材料的腐蚀性。

(7)高层建筑初步勘察时，应对可能采取的地基基础类型、基坑开挖和支护、工程降水方案进行初步评价。

3. 详细勘察

详细勘察应符合施工图设计要求。详细勘察应按单体建筑物或建筑群提出详细的岩土工程资料和设计、施工所需的岩土参数；对建筑物地基做出岩土工程评价，并对地基类型、基础形式、地基处理、基坑支护、工程降水和不良地质作用的防治等提出建议。主要进行下列工作：

(1)收集附有坐标和地形的建筑总平面图，场区的地面整平标高，建筑物的性质、规模、荷载、结构特点、基础形式、埋置深度、地基允许变形等资料。

(2)查明不良地质作用类型、成因、分布范围、发展趋势和危险程度，提出整治方案的建议。

(3)查明建筑范围内岩土层类型、深度、分布、工程特性，分析和评价地基的稳定性、均匀性和承载力。

(4)对需要进行沉降计算的建筑物，提供地基变形计算参数，预测建筑物的变形特征。

(5)查明河道、沟浜、墓穴、防空洞、孤石等对工程不利的埋藏物。

(6)查明地下水埋藏条件，提供地下水水位及其变化幅度。

(7)在季节性冻土地区，提供场地土的标准冻结深度。

(8)判定水对建筑材料的腐蚀性。

4. 施工勘察

施工勘察的目的和任务就是配合设计、施工单位进行勘察，解决与施工有关的岩土工程问题，并提出相应的勘察资料。当遇到下列情况之一时，需要进行施工勘察：

(1)基坑或基槽开挖后，岩土条件与原勘察资料不符。

(2)深基础施工设计及施工中需进行有关地基监测工作。

(3)地基处理、加固需进行检验工作。

(4)地基中溶洞或土洞较发育，需进一步查明及处理。

(5)在工程施工中或使用期间，当边坡体、地下水等发生未曾估计到的变化时，应进行检测，并对施工和环境的影响进行分析评价。

7.1.3 地基勘察方法

工业与民用建筑工程中岩土工程勘察所采用的勘探方法主要有坑探法、钻探法和触探法。

1. 坑探法

坑探法是在建筑场地中开挖探井(探槽、探洞)，并在探井井底或井壁的给定深度处取出柱状土样，如图 7-1 所示。这种方法不必使用专门的钻探机具，对地层的观察直接明了，是一种合适条件下广泛应用的最常规勘探方法。

图 7-1 坑探

坑探法的主要特点是便于直接观察、采取原状岩土试样和进行现场原位测试；缺点是勘探深度往往较浅、劳动强度大、安全性差。

探井的平面形状一般为 1.5 m×1.0 m 的矩形或直径为 0.8～1.0 m 的圆形，其勘探深度视地层的土质和地下水埋藏深度等条件而定。

2. 钻探法

钻探法是一种常用的勘探方法，采用钻机在地层中钻孔或冲孔，以鉴别和划分土层及沿孔深采取原状土样，以进行室内试验，确定土的物理力学性质，如图 7-2 所示。

图 7-2 钻探

岩土工程勘察中采用的钻探方法很多，根据其破碎岩土方法的不同，大致可分为回转钻探、冲击钻探、振动钻探与冲洗钻探四大类。根据不同的土层类别和勘察要求，可以选择相应的钻进方式。

3. 触探法

触探法是间接的勘察方法，不取土样、不描述，只将一个特别探头安装在钻杆底端，打入或压入地基土中，由探头所受阻力的大小探测土层的工程性质，称为触探法。

按将触探头贯入岩土体的方式不同，可将其划分为静力触探和动力触探两类。

(1)静力触探。静力触探是指利用压力装置将有触探头的触探杆压入试验土层，通过量测系统测量土的贯入阻力，可以确定土的某些基本物理力学特性，如土的变形模量等，如图 7-3 所示。

图 7-3　静力触探

静力触探既是一种原位测试手段，也是一种勘探手段，它与常规的钻探—取样—室内试验等勘探程序相比，具有快速、精确、经济和节省人力等特点。

(2)动力触探。动力触探是用一定质量的击锤从一定高度自由下落，锤击插入土中的探头，测定使探头贯入土中一定深度所需要的击数，以击数的多少判定被测土的性质，如图 7-4 所示。动力触探可分为轻型、重型和超重型三种试验。三种重锤的质量分别为 10 kg、63.5 kg 和 120 kg。

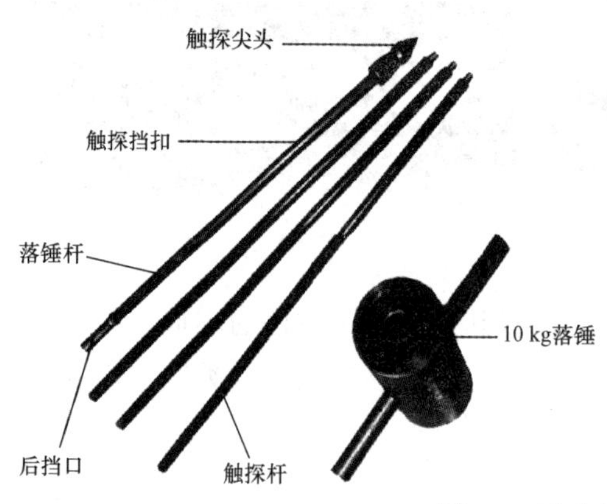

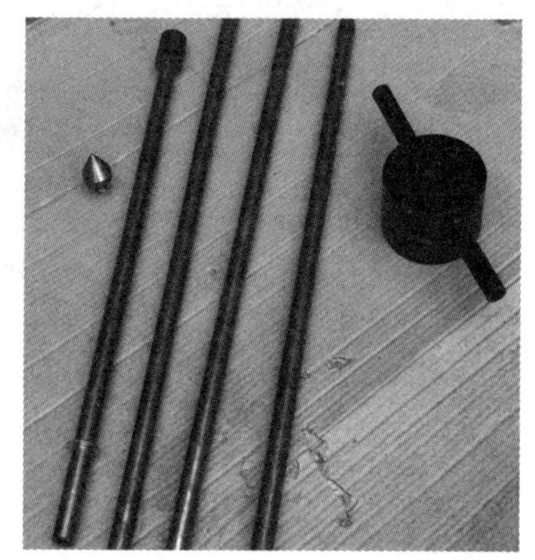

图 7-4　动力触探

7.2　岩土工程勘察报告的阅读

7.2.1　岩土工程勘察报告的内容

岩土工程勘察结果是以报告书的形式提出的。岩土工程勘察报告是指在原始资料的基础上进行整理、归纳、统计、分析、评价，提出工程建议，形成系统的、为工程建设服务的勘察技术文件。报告由图表和文字阐述两部分组成。其中，图表部分给出场地的地层分布、岩土原位测试和室内试验的数据；文字阐述部分给出分析、评价和建议。一个单项工程的勘察报告书一般包括以下内容。

1. 文字部分

(1)工程概况、勘察任务等；

(2)场地位置、地形地貌、地质构造、不良地质现象及地震设防烈度等；

(3)场地的地层分布、岩土的物理力学性质、地基承载力等设计计算参数；

(4)地下水的埋藏条件、地下水的腐蚀性等；

(5)综合工程地质评价等；

(6)针对工程建设中可能出现或存在的问题，提出相关的处理方案和施工建议。

2. 图表部分

(1)勘察点的平面布置图和场地位置示意。图中应注明建筑物的位置，各类勘探、测试点的编号、位置，并用图表将各勘探、测试点及其地面标高和探测深度表示出来。

(2)钻孔柱状图。其主要内容是关于地层的分布和各层岩土特征与性质的描述。

柱状图只能反映场地某个勘探点的地层竖向分布情况，而不能说明地层的空间分布情况，也不能完全说明整个场地地层在竖向的分布情况。

(3)工程地质剖面图。工程地质剖面图能反映某一勘探线上地层竖向和水平向的分布情况(空间分布状态)。

(4)综合地质柱状图。综合地质柱状图是根据场地所有钻孔柱状图而得的，比例为1∶50～1∶200。

(5)土工试验成果总表和其他测试成果图表(如现场载荷试验、标准贯入试验、静力触探试验等原位测试成果图表)。土工试验成果总表和其他测试成果图表是设计工程师最为关心的勘察成果资料，是地基基础方案选择的重要依据，因此，应将室内土工试验和现场原位测试的直接成果详细列出。必要时，还应附以分析成果图(如静力载荷试验 p-s 曲线、触探成果曲线等)。

7.2.2 工程地质勘察报告的阅读与使用

工程地质勘察报告是建筑物基础设计和基础施工的依据，因此，对设计和施工人员来说，正确阅读、理解和使用勘察报告是非常重要的。

1. 勘察报告的初步阅读

首先在阅读了文字报告部分、初步了解和认识了整个场地地质情况的基础上，对照勘探点平面图、工程地质剖面图和钻孔柱状图进一步阅读报告。

(1)可以直接看结束语和建议中的持力层土质、地基承载力特征值和地基类型及基础砌筑标高。地基承载力一般以 kPa 为单位，1 kPa=1 kN/m^2。

(2)从持力层土质提供的承载力特征值大小可以初步判断土质的好坏。一般情况下，承载力特征值不小于 180 kPa 的可视为承载力良好的土层，低于 180 kPa 的可认为土的承载力较差。关注是否存在局部软弱下卧层，如果有，则需要进行局部软弱下卧层验算。

(3)回填土的承载力一般为 60～80 kPa。因此，一些层数少的丙、丁类建筑，例如，单层砖房住宅、单层大门、荷载比较小的临时建(构)筑物，基础的持力层可以采用回填土。

(4)重点看结束语或建议中对饱和软土的液化判别，饱和砂土和饱和粉土(即饱和软土，但不包括黄土)在地震强度作用下的液化判别非常重要。

(5)重点看两个水位：历年地下水的最高水位和抗浮水位。历年地下水的最高水位：一般设计地下构件如地下混凝土外墙配筋时，要使用这个水位来计算外墙受到的水压力；抗浮水位：一般比历年地下水的最高水位低一些。对于一些地下层数较多而地上层数不多的工程，抗浮水位显得尤为重要。

(6)特别扫读结语或建议中定性的预警语句。关注报告中的提示语句，如“施工应注意在降水时采取有效措施，避免影响相邻建筑物，并建议对本楼沉降变形进行长期观测”“严禁扰动基底持力层土”“持力层以下埋藏有砂层，且有承压水的条件下，施工时应注意不宜钎探，以免造成涌砂，降低地基承载力和加大基础沉降量”等，警惕日后施工时可能存在安全隐患。

(7)特别注意结束语或建议中场地类别、场地类型、覆盖层厚度和地面下 15 m 范围内平均剪切波速。根据此数值判定拟建场地土的软硬类型，并结合拟建场地的覆盖层厚度，进一步判定拟建场地的场地类别。

2. 勘察报告的使用

建筑设计是以充分阅读和分析建筑场地的岩土工程勘察报告为前提的。建筑施工要实现建筑设计，一方面要深刻地理解设计意图；另一方面要充分阅读和分析勘察报告，正确应用勘察报告，针对工程项目的施工图纸，制定切实可行的建筑地基基础施工组织设计，对施工期间可能发生的岩土工程问题进行预测，提出监控、防范和解决问题的施工技术措施。

(1)场地的稳定性评价。首先，根据勘察报告所提供的场地所在区域的地震设防烈度、场地按震害影响的类别、建筑的类别和建筑地段按震害影响的类别，对饱和砂土和粉土地基的液化等级进行分析和评价。其次，根据勘察报告所提供的场地有无不良地质作用，对岩溶、滑坡、危害崩塌、泥石流等潜在的地质灾害进行分析评价；对地震设防区域的建筑，必须按《建筑抗震设计规范(2016 年版)》(GB 50011—2010)进行抗震设计，在施工中按施工图施工，保证工程质量；在不良地质现象发育、对场地稳定性有直接或潜在危害的，必须在设计与施工中采取可靠措施，防患于未然。

(2)地基地层的均匀性评价。施工的难与易、地基承载力高低和压缩性大小对建筑地基基础设计的影响，远不及地基土层均匀性的影响。从工程实践分析，造成上部结构梁柱节点开裂、墙体裂缝的原因，主要是地基的不均匀变形。而地基不均匀变形的原因，就地基条件而言即地基土层的不均匀性，因此，当地基中存在杂填土、软弱夹层，或各天然土层的厚度在平面分布上差异较大时，在地基基础设计与施工中，必须注意不均匀沉降的问题。

(3)地基中地下水的评价。当地基中存在地下水，且基础埋深低于地下水水位时，对地基基础的设计与施工十分不利。地下水水位以下的土方开挖及浅基础施工要求干作业施工条件，为此要考虑人工降低水位。采用明排水要考虑是否产生流砂；大幅度降水会导致周边原有建筑附加沉降和地表沉陷，为此要考虑是否采取止水帷幕或回灌等技术措施。同时，基础设计要考虑地下水是否有腐蚀性，整体性空腹基础要考虑防水和抗浮等设计与施工技术措施。

(4)地基持力层的选择。建筑地基持力层选择的主要影响因素，首先是建筑设计是否有地下室，然后是地基土层的承载力和压缩性，在保证建筑安全稳定和满足建筑使用功能的前提下，天然地基土的浅基础设计，尤其是当地基中存在软弱下卧层的情况，持力层的选择宜使基础尽量浅埋。深基础持力层的选择主要是坚实的土层，不要过分在意该土层的深度，桩尖或地下连续墙底部以下应有 5 倍以上桩径或地下连续墙厚度的坚实土层；地基变形特征由设计计算控制，同时辅以加强基础及上部结构刚度。

(5)地基基础施工的环境效应影响。工程建设中大挖大填、卸载加载、排水蓄水等施工活动，在不同程度上干扰了建筑物场地原有的平衡状态，如果控制不力，会对工程及其周边建筑产生危害；建筑地基基础施工直接或间接地会对周边环境产生影响，因此，在分析、研究建筑场地的岩土工程勘察报告和施工方案时，要论证、评价建筑地基基础施工方案的环境效应影响。

总之，阅读工程地质勘察报告，可以了解拟建场地的地层地貌，正确选择持力层，了解下卧层，确定基础的埋深，决定基础的选型，甚至上部结构的选型。

7.3 工程地质勘察报告实例

7.3.1 前言

1. 工程概况

拟建幼儿园为3～4F，3F高度为10.80 m，4F高度为13.80 m，框架结构，柱网间距一般为5.0 m×5.0 m，最大单柱荷载约为2 500 kN。本工程重要性等级为三级，场地等级为二级，地基等级为二级，岩土工程勘察等级为乙级，建筑抗震设防分类为乙类。本次勘察为详细勘察。

2. 勘察目的、任务及执行标准

(1)勘察目的、任务。受甲方委托，我院对拟建场地进行了岩土工程勘察工作，其目的是为拟建建筑物设计和施工提供依据，其主要任务如下：

1)查明拟建场地25 m以内的土层分布情况，提供各土层的物理力学指标。

2)查明场地有无不良地质作用和可能存在的暗塘、暗浜等对工程不利的埋藏物，并提出合理的整治方案建议。

3)查明场地地下水的埋藏及分布特征，提供场地地下水水位及其变化幅度，并对水和土对建筑材料的腐蚀性做出评价。

4)评价场地的稳定性、适宜性，地基的均匀性，提供建筑设计所需的岩土参数。

5)对场地地面以下20 m浅饱和粉土、砂土进行液化判别，提供抗震设防烈度，划分建筑场地类别，并确定设计特征周期。

6)根据拟建建筑物性能及场地工程地质条件，提出适宜的天然地基浅基础持力层或桩基础桩端持力层；对桩基类型、适宜性及持力层的选择提出建议，提供桩的端阻力、侧阻力标准值，并估算单桩竖向极限承载力，推荐单桩竖向承载力特征值。

7)对沉桩可行性进行分析，并对桩基施工时应注意的问题提出合理的建议。

8)针对建(构)筑物的性质和特征，提出合理、经济的基础方案。

(2)勘察工作执行的依据（略）。

3. 勘察方法及完成工作量

(1)勘察工作量布置。根据有关规范要求及拟建建筑物性质，本次勘察采用机钻、静力触探、波速测试相结合的手段。勘探点沿拟建建筑物周边(轴线)及柱列线布置，间距为15～30 m，勘察深度为20～25 m；另外，为查明浅部土层变化及暗塘分布范围，布置了一定数量的小螺纹钻。孔土工试验方法为室内常规物理力学试验，其中剪切试验方法为直接剪切试验的固结快剪。

(2)勘察工作方法。

1)钻探。

①根据勘探孔孔深要求，本次勘察机钻孔采用SH-30型工程钻机施工。采用泥浆护

壁旋转钻进，分回次钻进取芯，每一回次钻进进尺不超过 2.0 m。

②根据不同土性及状态，分别采用自由活塞敞口取土器和内置环刀取砂器，采用重锤少击方式采取不扰动土样；扰动土样利用标准贯入器采取。

2)标准贯入试验。采用自动落锤装置，锤重为 63.5 kg，落距为 76 cm，贯入器至预定深度后，先预击 15 cm 以消除上部土样扰动的影响，再记录打入 30 cm 中每 10 cm 的锤击数和 30 cm 的总锤击数。

3)静力触探。采用贯入力 15 T 的双缸液压式静探仪施工，使用锥底截面面积为 15 cm^2 的双桥探头，试验时将探头匀速贯入土体中时，贯入速率为(1.2±0.3)m/min，数据采集间隔为 10 cm，并自动记录。

4)波速试验。本次勘察采用检层法进行孔内波速测试，利用人工敲击木板产生的剪切波向下传播，在地层的某深度直接接收直达压缩波的初始时间和第一个直达剪切波的到达时间，从而求取某一土层地震波的传播速度。

5)室内土工试验。根据本工程性质与设计方要求，对所采取的土样进行常规物理力学指标、颗粒分析等试验，详见土工试验项目表(表 7-2)。

表 7-2　土工试验项目表

试验项目	试验方法	主要设备
含水量(w)	烘箱烘干法	烘箱、百分微天平
湿密度(ρ)	环刀法	环刀、百分微天平
土粒比重(G_s)	比重瓶法	砂浴、千分微天平
液限(w_L)	液塑限光电联合测定仪	
塑限(w_P)	搓滚法	
压缩	室内压缩	固结仪
剪切	固结快剪	直剪仪
颗粒分析	比重计法	密度计
渗透试验	变水头法	渗透容器、水头装置

(3)工程测量(略)。

(4)完成勘察工作量。各类项目测试及室内土工试验同步进行，完成工作量详见表 7-3。

表 7-3　完成工作量统计表

项目		单位	工作量	备注
外业勘察	机钻取土孔	m/个	102.20/4	SH-30 型工程钻机
	双桥静探孔	m/个	120.00/6	
	波速测试	m/个	40.00/2	J1、J4 孔内兼作
	麻花钻孔	m/个	51.00/17	
	取原状土样	组	59	活阀式取土器、内置环刀取砂器
	扰动土样	组	12	
	勘探点测放	点	27	全站仪、钢尺
	孔口高程测量	点	27	水准仪
内业试验	常规物理力学测试	组	59	
	颗粒分析	组	24	

7.3.2　场地地质条件

1. 地形、地貌(略)

2. 地基土层的构成与特征

地基土层的构成与特征详见表 7-4。

表 7-4　地基土层的构成与特征

土层代号及名称	状态或密实度	层厚/m	压缩性	工程性能
①素填土	松软	0.80～1.00	不均	差
②黏土	可塑	1.30～1.70	中等	中等
③淤泥质粉质黏土	流塑	3.90～6.00	高	差
④$_1$黏土	可塑	2.20～4.60	中等	较好
④$_2$粉质黏土	可塑～软塑	0.60～1.70	中等	中等
④$_3$粉土	稍密～中密	3.80～4.20	中等偏低	中等
⑤淤泥质粉质黏土	流塑	4.90～5.20	高	差
⑥黏土	软塑	最大揭示厚度 5.30	高	一般

3. 地基土物理力学性质指标(略)

4. 场地水文地质条件

(1)区域水文地质条件。50 年一遇洪水水位标高为 2.28 m，近期多年最高潜水位标高为 1.77 m，历史最高承压水位标高为 1.71 m，近 3～5 年最高承压水位标高为 1.57 m。

(2)地下水。本场区最大勘探深度 26.30 m 以内的地下水主要由孔隙潜水及微承压水组成。

(3)水、土腐蚀性评价。本场地环境类型属Ⅱ类，勘探期间，附近区域未发现明显污染源。结合区域环境监测资料、地区建筑经验及本场地水质检验报告，经综合分析，拟建场地该类地下水对混凝土结构无腐蚀性，对钢筋混凝土结构中的钢筋在长期浸水条件下无腐蚀性，对处于干湿交替作用下的钢筋混凝土结构中的钢筋无腐蚀性，地下水对钢结构有弱腐蚀性。

5. 场地和地基的地震效应

(1)抗震设防烈度。根据《建筑抗震设计规范(2016 年版)》(GB 50011—2010)的有关规定，抗震设防烈度为 7 度，设计地震分组为第一组，设计基本地震加速度值为 0.10g。

(2)建筑场地类别。根据《建筑抗震设计规范(2016 年版)》(GB 50011—2010)的有关规定，拟建场地类别为Ⅲ类。

(3)设计特征周期。根据《建筑抗震设计规范(2016 年版)》(GB 50011—2010)的有关规定，拟建场地设计特征周期为 0.45 s。

(4)地震液化判别。根据《建筑抗震设计规范(2016 年版)》(GB 50011—2010)的有关规定，经判定④$_3$层粉土为不液化土层，故综合评定拟建场地为不液化。

(5)抗震地段的划分。根据《建筑抗震设计规范(2016 年版)》(GB 50011—2010)的有关规定，本场地属抗震不利地段。

7.3.3 岩土工程分析与评价

1. 场地的稳定性和适宜性及地基的均匀性

(1)场地的稳定性和适宜性。根据区域地质资料分析，场区及邻近地带未发现有全新活动断裂岩溶、滑坡、采空区等不良地质作用；据钻探揭示，场地浅部分布的②层黏土工程性能中等，可作为荷载较小、变形要求不高的建筑物的天然地基浅基础持力层；场地中部分布的工程性能中等的$④_3$层粉土可作为荷载变形要求相对较高的建筑物桩基础桩端持力层，故场地的稳定性较好，采取合适的基础形式后，适宜建设本工程。

(2)地基的均匀性。经钻探揭示，拟建场地地基属于不均匀地基。

2. 岩土参数的统计、分析和选用

天然含水量、天然密度、液限、塑限、液性指数、塑性指数、饱和度、相对密实度、压缩系数、压缩模量指标选用平均值，计算承载力特征值和稳定性评价所需的抗剪强度指标选用标准值。当变异系数较大时，根据经验作适当调整。指标的统计数量少于 6 组时，根据指标的范围值，结合地区经验，给出经验值。

(1)地基土物理力学性质指标统计表(略)。

(2)各土层抗剪强度统计表(略)。

(3)各项原位测试指标统计见表 7-5。

表 7-5 土层原位测试统计表

土层代号及名称	静力触探试验						标准贯入试验标准值 N/击
	q_c/MPa			f_s/kPa			
	平均值	最大值	最小值	平均值	最大值	最小值	
②黏土	0.66	0.84	0.57	35.84	39.84	29.06	
③淤泥质粉质黏土	0.37	0.46	0.31	8.86	11.99	6.66	
$④_1$黏土	1.86	2.01	1.76	79.54	82.48	75.53	
$④_2$粉质黏土	1.70	1.87	1.34	46.11	60.04	32.68	
$④_3$粉土	5.80	7.55	4.45	91.09	124.76	71.08	16.20
⑤淤泥质粉质黏土	1.32	1.46	1.09	18.17	20.32	16.19	

(4)压缩性指标统计(略)。

3. 地基承载力特征值

按《建筑地基基础设计规范》(GB 50007—2011)的规定，本工程地基土承载力特征值(f_{ak})是根据各土层的物理力学性质指标、公式计算、静力触探等原位测试成果并结合地区经验综合确定。其结果详见表 7-6。

表 7-6　承载力特征值

土层代号及名称	承载力特征值 f_{ak}/kPa				
	按 c_k、φ_k 计算值	标准贯入击数确定值	静探公式确定值	根据物理力学指标确定的经验值	建议特征值
②黏土	125		85	110	80
③淤泥质粉质黏土	68		61	89	65
④$_1$黏土	246		184	223	180
④$_2$粉质黏土	144		171	154	160
④$_3$粉土	161	170	166	134	150
⑤淤泥质粉质黏土	72		139	95	90
⑥黏土	93			100	100

4. 天然地基评价

拟建场地浅部的②层黏土，压缩性中等，工程性能中等，承载力特征值可取 80 kPa，其下卧层为厚度较大的③层淤泥质粉质黏土，拟建幼儿园单柱最大荷载约为 2 500 kN，②层黏土承载力、变形等无法满足要求，故浅部无合适的天然地基浅基础持力层，需采用桩基础。

5. 桩基评价

(1)桩端持力层的选择。根据场地土层分布特征及各拟建(构)筑物的荷载要求，拟建场地内分布的④$_3$层粉土：灰黄～灰色，稍密～中密，层厚为 3.80～4.20 m，标高为 －10.40～－9.82 m，压缩性中等偏低，工程性能中等，可作为拟建幼儿园较好的桩基础桩端持力层。

(2)桩型的选择。根据建筑物的荷载特征及场地岩土工程条件，考虑桩长、施工工艺、施工机械能力以及经济指标等因素，结合本区和邻近场地经验，可选用预应力管桩。

根据本场地的地质条件，采用预应力管桩，以静压或锤击沉桩，其优点是周期短，桩身质量可靠，单桩承载力高，但选用该桩型施工时挤土效应明显，应加强对土体位移的观测，必要时采取一定措施予以克服。根据物理指标、原位测试，结合地区经验，提供各土层桩基参数，见表 7-7。

表 7-7　各土层桩基参数一览

土层名称及代号	极限侧阻力标准值 q_{sik}/kPa	极限端阻力标准值 q_{pk}/kPa
	预应力管桩	预应力管桩
②黏土	30	
③淤泥质粉质黏土	18	
$④_1$黏土	65	
$④_2$粉质黏土	50	
$④_3$粉土	55	200

(3)沉桩可行性分析。根据地基土特征及工程实践经验，采用预制桩基础时，以$④_3$层粉土作为桩端持力层，沉桩时桩身需穿越可塑状$④_1$层黏土，并进入稍密～中密状的$④_3$层粉土的持力层一定深度，预计沉桩有一定难度，故需在沉桩设备及沉桩工艺上做出适当选择，建议采用功率较大设备，可采用锤击或压入法施工。因施工时有明显的挤土效应，故应合理安排施工顺序，控制沉桩速率，以避免挤土效应对邻近桩身的影响。场地分布的①层素填土土质松散，应对其采用适当的方法予以加固处理，以免沉桩设备产生沉陷，侧倾可能影响正常施工及桩身破坏等。

(4)单桩竖向极限承载力标准值的估算。假定桩顶标高为 1.50 m，选用 ϕ400 mm 预应力管桩(闭口桩)，以$④_3$层粉土为桩端持力层，估算单桩竖向极限承载力标准值，结果见表 7-8。

表 7-8　单桩竖向极限承载力标准值估算

估算孔号	桩顶标高/m	桩型及规格	桩端持力层	有效桩长/m	Q_{uk}/kN	R_a/kN
C1	1.00	ϕ400 mm 预应力管桩	$④_3$层粉土	13.0	1 021	510
C3	1.00			13.0	897	450
C6	1.00			13.0	1 025	510

单桩竖向极限承载力最终应由单桩竖向静载试验确定。

使用公式：预制桩竖向极限承载力经验估算公式 $Q_{uk}=q_{pk}A_p+u\sum q_{sik}l_i$（单桩竖向承载力特征值 R_a 可按 Q_{uk} 的一半取值）。

(5)沉桩对周围环境的影响。拟建场区较空旷，西侧距新路 16.0 m，故沉桩对周边环境有一定影响，应注意采取有效的措施，如控制沉桩速率等，以减弱挤土效应产生的不利影响。

6. 不良地质作用及对工程不利的埋藏物

根据本次勘察结果及区域地质资料，本场区无全新活动断裂、岩溶、滑坡等不良地质作用；场区局部为水泥路面，影响沉桩，施工前应逐一清除。

7.3.4 结论与建议

1. 结论

(1)各土层的分布特征、工程性质及工程设计参数等详见“工程地质剖面图”及附表(略)。

(2)根据区域资料，场地覆盖层厚度较大，分布较稳定，没有新构造活动痕迹，场地稳定性较好；适合本工程建设，属于不均匀地基。

(3)抗震设防烈度为 7 度，设计地震分组为第一组，设计基本地震加速度值为 0.10g；④$_3$层粉土为不液化土层，拟建场地为不液化地基。本场地属于抗震不利地段。

(4)本场地环境类型为Ⅱ类。场地水文地质条件简单，地表水、地下水及地下水水位以上土体对混凝土结构和钢筋混凝土结构中的钢筋无腐蚀性，地下水在干湿交替作用下，对钢筋混凝土结构中的钢筋无腐蚀性。地下水对钢结构有弱腐蚀性。

(5)场区内适宜作为荷载变形要求不高的建(构)筑物天然地基基础持力层的土层为②层黏土。④$_3$层粉土可作为荷载变形要求较高的建(构)筑物的桩基础桩端持力层。

2. 建议

(1)根据拟建建筑物特征、场地工程地质条件，建议拟建幼儿园采用桩基础，以④$_3$层粉土作为桩端持力层，桩型可选用 ϕ400 mm 预应力管桩(闭口桩)；因④$_3$层粉土顶部工程性能偏差，桩端进入持力层深度应适当加大，建议不少于 4 倍桩径。

(2)采用预制桩基础，以④$_3$层粉土作为桩端持力层，沉桩时桩身需穿越可塑状④$_1$层黏土，并进入中密状的④$_3$层粉土的持力层一定深度，预计沉桩有一定难度，故需在沉桩设备及沉桩工艺上做出适当选择，建议采用功率较大设备，可采用锤击或压入法施工。

(3)施工前应打试桩，并进行单桩竖向静载试验，以最终确定单桩竖向极限承载力。为确保桩身质量，应采用动测法对桩身进行检测。

(4)由于①素填土层土质不均，工程性能差，易产生沉降，故室内外地坪施工时还应对其作夯实处理后方可作为地坪持力层。

(5)基槽开挖完毕，注意地基土保护及基底排水工作，并及时通知勘察院验槽。验槽之后，应迅速进行基础施工。

7.4 验槽

1. 验槽的目的

验槽为基础施工现场基槽检验的简称。验槽的目的主要有以下三点：

(1)检验工程地质勘察成果及结论建议是否与基槽开挖后的实际情况一致，是否正确。

(2)挖槽后地层的直接揭露，可为设计人员提供第一手的工程地质和水文地质资料，对出现的异常情况及时分析，提出处理意见。

(3)解决遗留问题，必要时布置施工勘察，以便进一步完善设计，确保施工质量。

2. 验槽的主要内容

(1)校核基槽开挖的平面位置与基槽标高是否符合勘察、设计要求。

(2)检验槽底持力层土质与勘察报告是否相同。参加验槽的五方代表要下到槽底，依次逐段检验，若发现可疑之处，应用铁铲铲出新鲜土面，用野外土的鉴别方法进行鉴定。

(3)当发现基槽平面土质显著不均匀，或局部存在古井、菜窖、坟穴、河沟等不良地基时，可用钎探查明平面范围与深度。

(4)检查基槽钎探情况。

3. 验槽的方法和注意事项

验槽的方法通常主要以观察法为主，而对于基底以下的土层不可见部位要辅以钎探法配合共同完成。

(1) 观察法。

1)根据槽断面土层分布情况及走向，初步判明全部基底是否已挖至设计要求的土层，如图 7-5 所示。

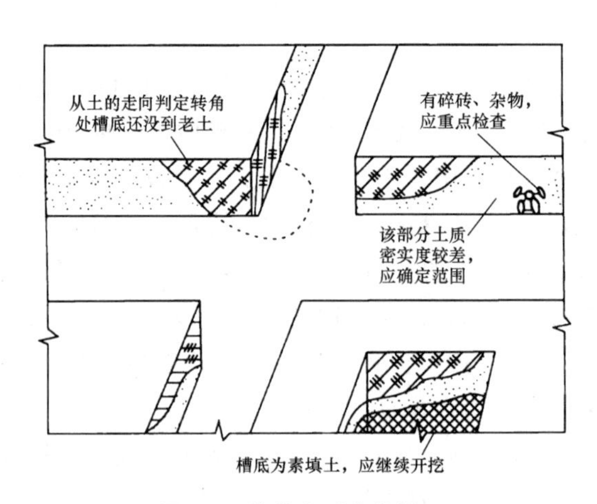

图 7-5 基槽土质变化情况

2)检查槽底，检查时应观察刚开挖的未受扰动的土的结构、孔隙、湿度、含有物等，确定是否为原设计所提出的持力层土质。为了使检验工作具有代表性和保证重点结构部位的地基土符合设计要求，验槽时应特别注意柱基、墙角、承重墙下或其他受力较大的部位。凡有异常现象的部位，都应该对其原因和范围调查清楚，以便为地基处理和变更设计提供详尽的资料。

验槽虽能比较直观地对槽底进行详细检查，但只能观察基槽表土，而对槽底以下主要受力层范围内土的变化和分布情况，以及局部特殊土质情况，还无法清楚地探明。为此，还应该采用钎探等方法进一步检查。

(2)钎探法。

1)钎探机具要求。采用直径 ϕ 22～ ϕ 25 mm 钢筋制作的钢钎，如图 7-6 所示，使用人力(机械)使大锤(穿心锤)自由下落规定的高度(500～700 mm)，撞击钎杆垂直打入土层中，并记录每打入土层 300 mm(通常为一步)的锤击数。为设计承载力、地勘结果、地基土层的均匀度等质量指标提供验收依据。

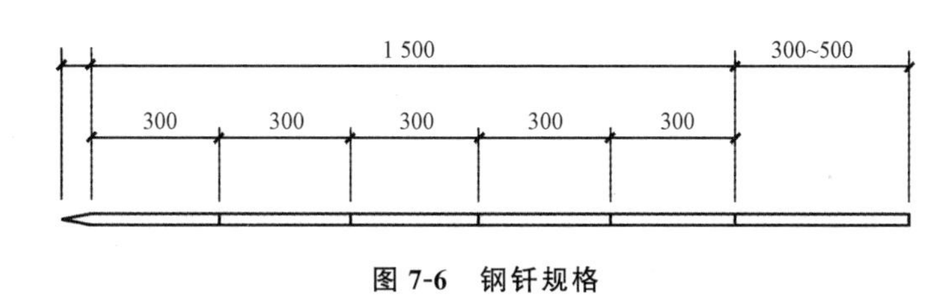

图 7-6　钢钎规格

钎孔布置和深度应视地基土质的复杂情况、基槽宽度、形状而定。对于土质情况简单的天然地基，钎孔间距和打入深度可参照表 7-9 选择。对于较软弱的新近沉积的黏性土和人工杂填土地基，钎孔间距不大于 1.5 m。

表 7-9　钎孔布置

槽宽/m	排列方式及图示	间距/m	钎探深度/m
<0.8	中心一排	1～2	1.2
0.8～2	两排错开	1～2	1.5
>2	梅花形	1～2	2.0
柱基	梅花形	1～2	>1.5 并不浅于短边宽度

2)钎探记录和结果分析。在钎探以前，需绘制基槽平面图，在图上根据要求确定钎探点的平面位置，并依次编号，绘制成钎探平面图。钎探时，按钎探平面图标定的钎探点顺序进行，并同时记录钎探结果。

当一栋建筑物钎探完成后，要全面地从上到下逐层分析研究钎探记录，然后逐点进行比较，将锤击数过多或过少的钎孔在钎探平面图上加以标注，以备现场检查。

思考与练习

1. 工程地质勘察分哪几个阶段？每个阶段的任务是什么？
2. 常用的勘探方法有哪些？
3. 工程地质勘察报告有哪些内容？
4. 验槽的目的是什么？如何进行验槽？

素质拓展

意大利瓦依昂水库滑坡案例，说明了工程地质勘察对建筑物选址的重要性，也使我们明白了工作中应具备质量责任意识和职业道德感；通过我国地质力学的创立者李四光的工作事迹，感受到了老一辈地质学家爱岗敬业、无私奉献的崇高品格和家国情怀，同学们也应学习他们不畏艰辛、追求卓越的工作态度和拼搏精神，培养吃苦耐劳、艰苦奋斗的品格，树立正确的职业理想。

模块 8　土压力与基坑支护

8.1　土压力概述

挡土墙是防止土体坍塌的构筑物，挡土墙广泛应用于土木工程中，如建筑、桥梁、铁路和水利工程等，如图 8-1 所示。土压力是指挡土墙后的填土因自重或外荷载作用对墙背产生的侧向压力，如图 8-2 所示。

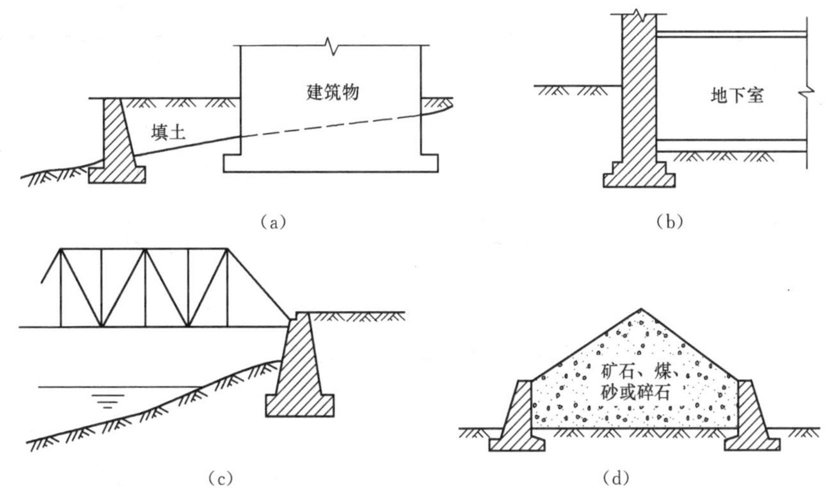

图 8-1　挡土墙应用示例

(a)挡填土的挡土墙；(b)地下室的侧墙；(c)桥台；(d)挡散粒材料的挡土墙

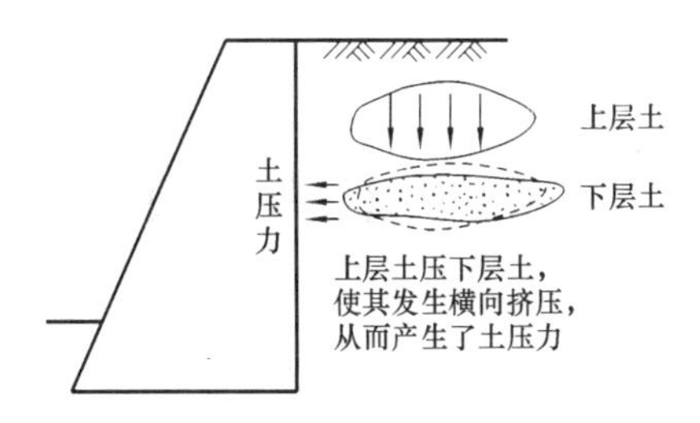

图 8-2　土压力

根据挡土墙的位移情况和墙后土体所处的应力状态，通常可将土压力分为以下三种类型。

(1)静止土压力：挡土墙在土压力作用下不发生任何位移或转动，墙后土体处于弹性平衡状态，这时作用在墙背的土压力称为静止土压力。作用在单位长度挡土墙上静止土压力的合力用 E_0 (kN/m)表示，静止土压力强度用 σ_0 (kPa)表示，如图 8-3(a)所示。

(2)主动土压力：若挡土墙在土压力作用下向前移动或转动，这时作用在墙后的土压力将逐渐减小，当墙后土体达到极限平衡状态，并出现连续滑动面而使土体下滑时，土压力减至最小值，此时的土压力称为主动土压力。主动土压力的合力用 E_a (kN/m)表示，主动土压力强度用 σ_a (kPa)表示，如图 8-3(b)所示。

(3)被动土压力：若挡土墙在外荷载作用下，向填土方向移动或转动，这时作用在墙后的土压力将逐渐增大，直至墙后土体达到极限平衡状态，并出现连续滑动面，墙后土体将向上挤出隆起，土压力增至最大值，此时的土压力称为被动土压力。被动土压力的合力用 E_p (kN/m)表示，被动土压力强度用 σ_p (kPa)表示，如图 8-3(c)所示。

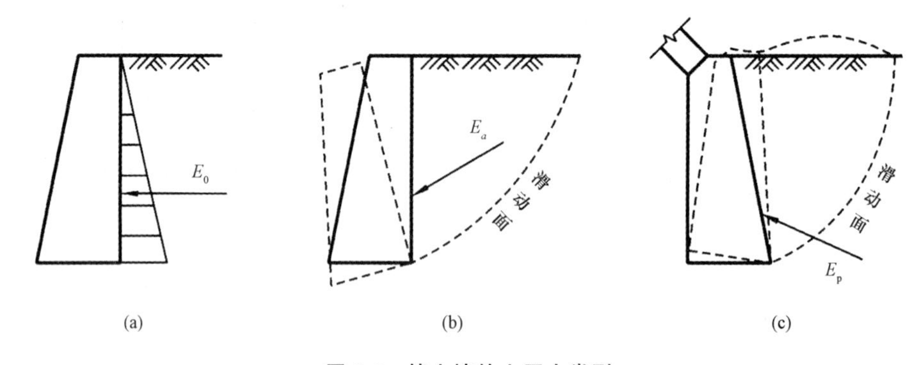

图 8-3　挡土墙的土压力类型

(a)静止土压力；(b)主动土压力；(c)被动土压力

试验表明：在相同条件下，主动土压力小于静止土压力，而静止土压力又小于被动土压力，即 $E_a < E_0 < E_p$ 。

挡土墙土压力计算属于平面一般问题，故在土压力计算中，均取一延米的墙长度，土压力单位取 kN/m，而土压力强度单位则取 kPa。土压力的计算理论主要有朗肯土压力理论和库仑土压力理论。

8.2　土压力计算

8.2.1　静止土压力计算

如图 8-4 所示，在墙后土体中任意深度 z 处取一微小单元体，作用于该土单元上的竖直向主应力就是自重应力 $\sigma_z = \gamma z$，作用在挡土墙背面的静止土压力强度可以看作土体自重应力的水平分量，则该点的静止土压力强度可按下式计算：

$$\sigma_0 = K_0 \gamma z \tag{8-1}$$

式中 σ_0 ——静止土压力强度(kPa)；

K_0 ——土的侧压力系数或者静止土压力系数；

γ ——墙后填土的重度(kN/m^3)。

静止土压力系数 K_0 与土的性质、密实程度等因素有关，一般砂土可取 0.35～0.50；黏性土为 0.50～0.70。

由式(8-1)可知，静止土压力强度沿墙高呈三角形分布，如取单位墙长，则作用在墙上的静止土压力为

$$E_0 = \frac{1}{2}\gamma H^2 k_0 \tag{8-2}$$

式中 E_0——静止土压力(kN/m)；

H——挡土墙高度(m)。

静止土压力 E_0 的作用点在距离墙底的 $\frac{1}{3}H$ 处，即三角形的形心处，如图 8-4 所示。

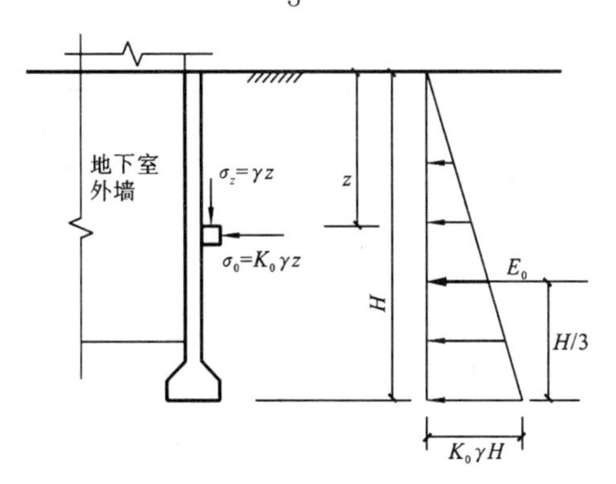

图 8-4 静止土压力计算示意

8.2.2 朗肯土压力理论

朗肯(Rankine)土压力理论是通过研究自重应力下，半无限土体内各点应力从弹性平衡状态发展为极限平衡状态的应力条件，而得出的土压力计算理论。其基本假定是：挡土墙墙背垂直光滑(墙与垂向夹角 $\alpha=0$，墙与土的摩擦角 $\delta=0$)；墙后填土面水平($\beta=0$)。

1. 主动土压力计算

由土体极限平衡条件可知

无黏性土
$$\sigma_a = \gamma z \tan^2\left(45° - \frac{\varphi}{2}\right) = \gamma z K_a \tag{8-3}$$

黏性土 $$\sigma_a = \gamma z K_a - 2c\sqrt{K_a} \tag{8-4}$$

式中 σ_a——主动土压力强度(kPa)；

K_a——主动土压力系数，$K_a=\tan^2\left(45°-\dfrac{\varphi}{2}\right)$；

γ——墙后填土的重度(kN/m^3)，地下水水位以下用有效重度；

c——填土的黏聚力(kPa)，黏性土 $c\neq0$，而无黏性土 $c=0$；

φ——内摩擦角(°)；

z——墙背土体距离地面的任意深度。

(1)无黏性土主动土压力的计算。由式(8-3)可见，无黏性土主动土压力强度沿墙高为直线分布，即与深度 z 成正比，如图 8-5 所示。若取单位墙长计算，则主动土压力 E_a 为

$$E_a=\varphi_a\left[\frac{1}{2}\gamma H^2\tan^2\left(45°-\frac{\varphi}{2}\right)\right]=\varphi_a\left(\frac{1}{2}\gamma H^2 K_a\right) \tag{8-5}$$

E_a 通过三角形的形心，即作用在距墙底 $H/3$ 处。

式中，φ_a 为主动土压力增大系数，《建筑地基基础设计规范》(GB 50007—2011)中规定，土坡高度小于 5 m 取 1.0；高度为 5～8 m，取 1.1；高度大于 8 m，取 1.2。

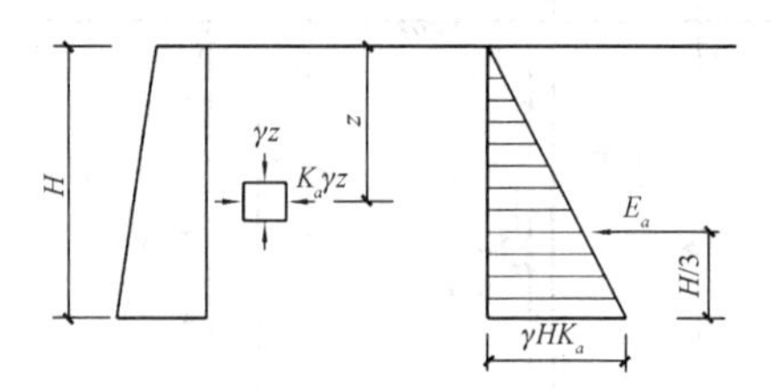

图 8-5 无黏性土主动土压力强度分布

(2)黏性土主动土压力的计算。由式(8-4)可知，黏性土的主动土压力强度由两部分组成：一部分是由土自重引起的土压力 $\gamma z K_a$；另一部分是由黏聚力 c 引起的负侧压力 $2c\sqrt{K_a}$。这两部分土压力强度叠加的结果如图 8-6所示，其中 ade 部分为负值，对墙背是拉力，但实际上墙与土在很小的拉力作用下就会分离，因此计算土压力时该部分应略去不计，黏性土的土压力强度分布实际上仅是 abc 部分。

图 8-6 中 a 点离填土面的深度 z_0 称为临界深度。对于黏性土，令式(8-4)中 $z=0$ 时，$\sigma_h=\sigma_3=-2c\sqrt{K_a}$，这显然与挡土墙墙背直立、光滑无摩擦相矛盾，因此，需要对土压力强度表达式进行修正，令

$$\sigma_a = \gamma z_0 K_a - 2c\sqrt{K_a} = 0$$

由此可得临界深度：

$$z_0 = \frac{2c}{\gamma\sqrt{K_a}} \tag{8-6}$$

修正后黏性土的土压力强度表达式为

$$\sigma_a = \begin{cases} 0 & \left(z \leqslant z_0 = \dfrac{2c}{\gamma\sqrt{K_a}}\right) \\ z\gamma K_a - 2c\sqrt{K_a} & (z > z_0) \end{cases} \tag{8-7}$$

黏性土的土压力强度分布如图 8-6 所示，土压力强度分布只有 abc 部分。若取单位墙长计算，则黏性土主动土压力 E_a 为三角形 abc 的面积，即有

$$E_a = \varphi_a\left[\frac{1}{2}(H - z_0)(\gamma HK_a - 2c\sqrt{K_a})\right] \tag{8-8}$$

E_a 通过三角形的形心，即作用在距墙底 $(H - z_0)/3$ 处。

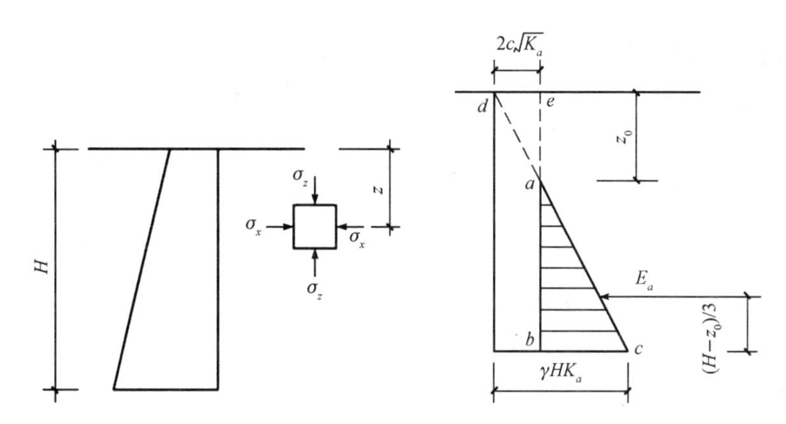

图 8-6　黏性土主动土压力强度分布图

2. 被动土压力计算

当挡土墙在外力作用下推挤土体而出现被动极限状态时，墙背土体中任一点的竖向应力保持不变，且成为小主应力，$\sigma_v = \gamma z = \sigma_3$，而 σ_h 达到最大值 σ_p，成为大主应力 σ_1，即 $\sigma_h = \sigma_1$，可以推出相应的被动主压力强度计算公式。

黏性土
$$\sigma_p = \gamma z K_p + 2c\sqrt{K_p} \tag{8-9}$$

无黏性土
$$\sigma_p = \gamma z K_p \tag{8-10}$$

式中　K_p——被动土压力系数，$K_p = \tan^2\left(45° + \dfrac{\varphi}{2}\right)$。

则其总被动土压力为

黏性土
$$E_p = \frac{1}{2}\gamma h^2 K_p + 2ch\sqrt{K_p} \tag{8-11}$$

无黏性土
$$E_p = \frac{1}{2}\gamma h^2 K_p \tag{8-12}$$

被动土压力 E_p 合力作用点通过三角形或梯形压力分布图的形心，如图 8-7 所示。

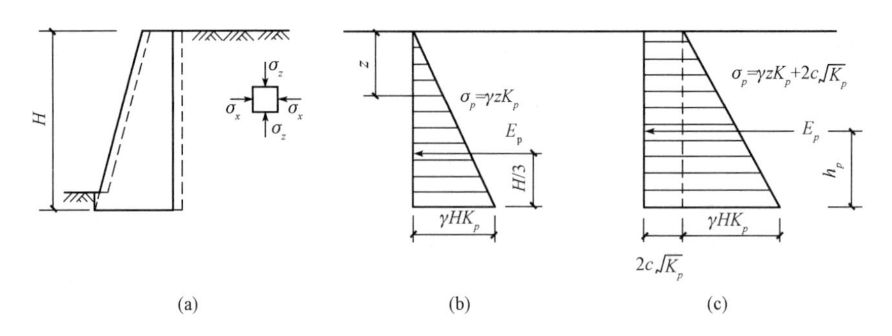

图 8-7　被动土压力强度分布

(a)被动土压力计算；(b)无黏性土土压力强度分布；(c)黏性土土压力强度分布

【例 8-1】 某挡土墙高 $H=5$ m，墙背竖直，墙后填土表面水平，填土为砂土($c=0$)，其重度 $\gamma=18$ kN/m³，内摩擦角 $\varphi=30°$，求作用在墙背上的主动土压力并绘制出土压力强度分布图。

【解】 主动土压力系数：

$$K_a=\tan^2\left(45°-\frac{\varphi}{2}\right)=\tan^2\left(45°-\frac{30°}{2}\right)=0.33$$

挡土墙底部的主动土压力强度：

$$\sigma_a=\gamma HK_a=18\times5\times0.33=29.7(\text{kPa})$$

挡土墙主动土压力：

$$E_a=\varphi_a\left(\frac{1}{2}\gamma H^2K_a\right)$$

$$=\varphi_a\left(\frac{1}{2}\sigma_aH\right)$$

$$=1.1\times\frac{1}{2}\times29.7\times5$$

$$=81.68(\text{kN/m})$$

主动土压力 E_a 的作用点离墙底的距离为

$$\frac{H}{3}=\frac{5}{3}=1.67(\text{m})$$

方向垂直指向墙背，如图 8-8 所示。

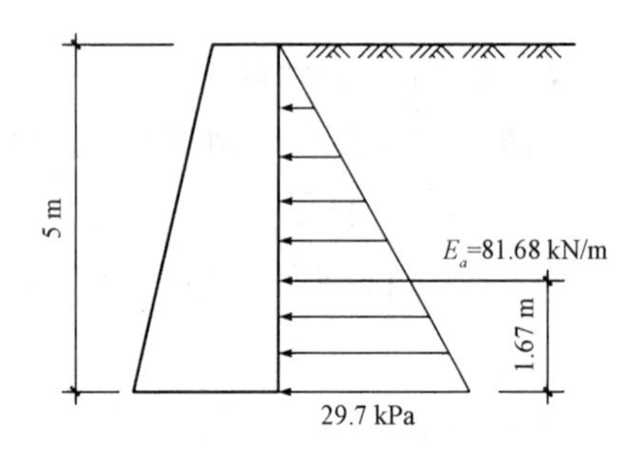

图 8-8　【例 8-1】图

【例 8-2】 某挡土墙高 $H=5$ m，墙背竖直，墙后填土表面水平，填土为黏性土，其重度 $\gamma=18$ kN/m³，内摩擦角 $\varphi=30°$，黏聚力 $c=10$ kPa，求作用在墙背上的主动土压力并绘制出土压力强度分布图。

【解】 主动土压力系数：

$$K_a=\tan^2\left(45°-\frac{\varphi}{2}\right)=\tan^2\left(45°-\frac{30°}{2}\right)=0.33$$

临界深度：

$$z_0=\frac{2c}{\gamma\sqrt{K_a}}=\frac{2\times10}{18\times\sqrt{0.33}}=1.93\ (\text{m})$$

挡土墙底部的主动土压力强度：

$$\sigma_a = \gamma H K_a - 2c\sqrt{K_a} = 18\times5\times0.33-2\times10\times\sqrt{0.33}=18.21(\text{kPa})$$

挡土墙主动土压力：

$$E_a = \varphi_a(\frac{1}{2}\sigma_a H)$$

$$=1.1\times\frac{1}{2}\times18.21\times5$$

$$=50.08(\text{kN/m})$$

主动土压力 E_a 的作用点离墙底的距离为

$$\frac{H-z_0}{3}=\frac{5-1.93}{3}=1.02(\text{m})$$

方向垂直指向墙背，如图 8-9 所示。

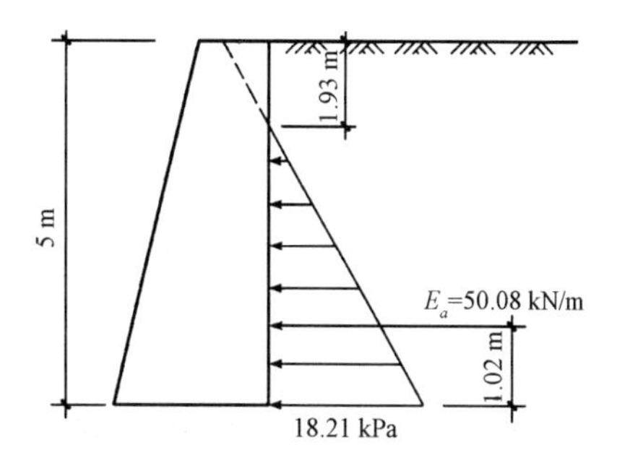

图 8-9 【例 8-2】图

3. 几种特殊情况下的土压力计算

(1)填土表面有均布荷载。当墙后填土表面作用有均布荷载 q(kPa)时可把荷载视为由高度 $h = q/\gamma$ 的等效填土所产生，由此等效厚度填土对墙背产生土压力。在图 8-10 中，当土体静止不动时，深度 z 处应力状态应考虑 q 的影响，竖向应力为 $\sigma_v = \gamma z + q$，$\sigma_h = K_0\sigma_v = K_0(\gamma z + q)$ 。当达到主动极限平衡状态时，大主应力不变，即 $\sigma_1 = \sigma_v = \gamma z + q$ ，小主应力减小至主动土压力，即 $\sigma_a = \sigma_3$ 。

无黏性土

$$\sigma_a = \sigma_3 = \sigma_1\tan^2\left(45^\circ + \frac{\varphi}{2}\right)$$

$$= (\gamma z + q)\tan^2\left(45^\circ + \frac{\varphi}{2}\right)$$

$$= (\gamma z + q)K_a$$

黏性土

$$\sigma_a = \sigma_3 = \sigma_1\tan^2\left(45^\circ + \frac{\varphi}{2}\right) - 2c\tan\left(45^\circ + \frac{\varphi}{2}\right)$$

$$= (\gamma z + q)\tan^2\left(45^\circ + \frac{\varphi}{2}\right) - 2c\tan\left(45^\circ + \frac{\varphi}{2}\right)$$

$$= (\gamma z + q)K_a - 2c\sqrt{K_a}$$

可见，对于无黏性土，主动土压力沿墙高分布呈梯形，作用点在梯形的形心，如图 8-10 所示；对于黏性土，临界深度 $z_0 = \dfrac{2c\sqrt{K_a} - qK_a}{\gamma K_a}$ 。当 $z_0 < 0$ 时，土压力为梯形分布；$z_0 \geqslant 0$ 时，土压力为三角形分布。沿挡墙长度方向每延米的土压力为土压力强度的分布面积。

(2)填土为成层土。当挡土墙后填土由几种不同的土层组成时，仍可用朗肯土压力理论计算土压力。当墙后有几层不同类型的土层时，先求出相应的竖向自重应力，然后乘以该土层的主动土压力系数，得到相应的主动土压力强度。

如图 8-11 所示，对于无黏性土：

$$\sigma_{a0}=0$$

$$\sigma_{a1上}=\gamma_1 h_1 K_{a1}$$

$$\sigma_{a1下}=\gamma_1 h_1 K_{a2}$$

$$\sigma_{a2上}=(\gamma_1 h_1+\gamma_2 h_2)K_{a2}$$

$$\sigma_{a2下}=(\gamma_1 h_1+\gamma_2 h_2)K_{a3}$$

$$\sigma_{a3上}=(\gamma_1 h_1+\gamma_2 h_2+\gamma_3 h_3)K_{a3}$$

……

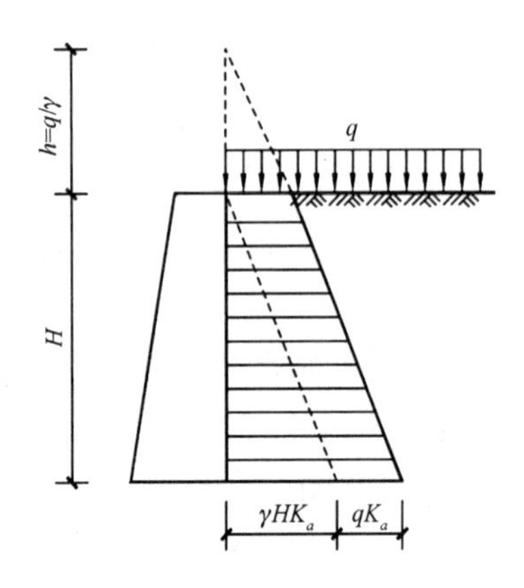

图 8-10　填土面有均布荷载的土压力计算

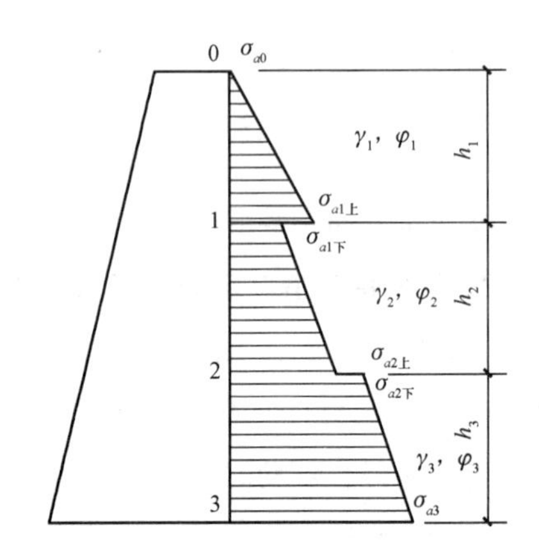

图 8-11　成层填土的土压力计算

若为更多层时，主动土压力强度计算以此类推。但应注意，由于各层土的性质不同，主动土压力系数 K_a 也不同，因此，在土层的分界面上，主动土压力强度会出现两个数值。

对于黏性土，第一层填土(0-1)的土压力强度

$$\sigma_{a0}=-2c_1\sqrt{K_{a1}}$$

$$\sigma_{a1}=\gamma_1 h_1 K_{a1}-2c_1\sqrt{K_{a1}}$$

第二层填土(1-2)的土压力强度

$$\sigma_{a1}=\gamma_1 h_1 K_{a2}-2c_2\sqrt{K_{a2}}$$

$$\sigma_{a2}=(\gamma_1 h_1+\gamma_2 h_2)K_{a2}-2c_2\sqrt{K_{a2}}$$

说明：成层填土合力大小为分布图形的面积，作用点位于分布图形的形心处。

(3)填土中有地下水。当墙后填土有地下水时，作用在墙背上的侧压力由土压力和水压力两部分组成。如图 8-12 所示，*abdec* 部分为土压力分布图，*cef* 部分为水压力分布图。计算土压力时，地下水水位以下取有效重度进行

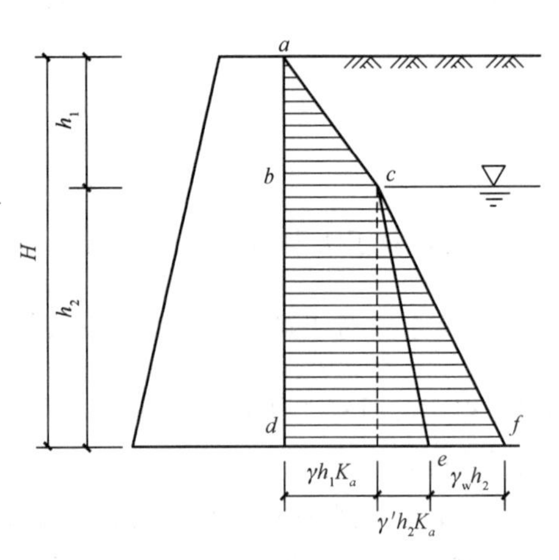

图 8-12　填土中有地下水的土压力计算

计算，总侧压力为土压力和水压力之和。

水下土重度 $\gamma' = \gamma_{sat} - \gamma_w$

静水压力 $\sigma_w = \gamma_w h$

总侧压力 $\sigma = \sigma_a + \sigma_w$

8.2.3 库仑土压力理论

库仑土压力理论是根据墙后土体处于极限平衡状态并形成一滑动楔体时，从楔体的静力平衡条件得出的土压力计算理论。其基本假定为：墙后填土是理想的散粒体（黏聚力 $c=0$）；滑动破坏面为一平面；滑动土楔体视为刚体。

因其计算公式较为复杂，本模块不作介绍。

8.3 挡土墙设计

8.3.1 挡土墙的类型

挡土墙是各类工程建设中常见的支挡结构形式，它具有结构简单、占地少、施工方便和造价低廉等诸多优点。目前，不仅广泛应用于公路、铁路、城市建设，同时应用于水坝建设、河床整治港口工程、水土保持、土地规划、山体滑坡防治等领域。

常用的挡土墙形式有重力式、悬臂式和扶臂式三种，如图 8-13 所示。

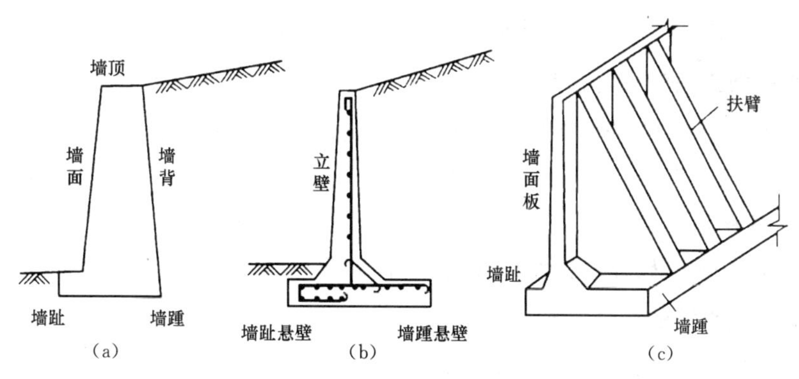

图 8-13 挡土墙的类型

(a)重力式挡土墙；(b)悬臂式挡土墙；(c)扶臂式挡土墙

1. 重力式挡土墙

重力式挡土墙如图 8-13(a)所示，墙面暴露于外，墙背可以做成倾斜的和垂直的。墙基的前缘称为墙趾，而后缘称为墙踵。重力式挡土墙通常由块石或素混凝土砌筑而成，因而墙体抗拉强度较小，作用于墙背的土压力所引起的倾覆力矩全靠墙身自重产生的抗倾覆力矩来平衡，因此，墙身必须做成厚而重的实体才能保证其稳定，这样，墙身的断面也就比较大。重力式挡土墙具有结构简单、施工方便、能够就地取材等优点，是工程中应用较广的一种形式。

2. 悬臂式挡土墙

悬臂式挡土墙一般用钢筋混凝土建造，由立臂、墙趾悬臂和墙踵悬臂三个悬臂板组成，如图 8-13(b)所示。挡土墙的稳定主要依靠墙踵悬臂以上的填土自重，而墙体内的拉应力则由钢筋承担。此类挡土墙充分利用了钢筋混凝土的受力特性，因而墙身轻薄，结构轻巧，在市政工程及厂矿储存库中得以广泛应用。

3. 扶臂式挡土墙

若墙后填土较高，为了增强悬臂式挡土墙中立臂的抗弯性能，常沿墙的纵向每隔 1/3～2/3 墙高设置一道扶臂，整体刚度和强度大大增加，如图 8-13(c)所示，故称为扶臂式挡土墙，一般较重要的大型土建工程采用。

8.3.2 重力式挡土墙设计

1. 重力式挡土墙设计的基本原则

挡土墙设计应保证挡土墙本身的稳定性，墙身应有足够的刚度，以保证挡土墙的安全使用。同时，设计中还要做到经济合理。挡土墙截面尺寸一般按照试算法确定，即先根据挡土墙的工程地质、填土性质、荷载情况及墙体材料和施工条件，凭经验初步拟定截面尺寸，然后进行验算，如不满足要求，则修改截面尺寸或采取其他措施。

2. 重力式挡土墙的设计内容

(1)稳定性验算。稳定性验算包括抗倾覆稳定性验算和抗滑移稳定性验算。

(2)地基承载力验算。地基承载力验算与一般偏心受压基础验算方法相同。

(3)墙身材料强度验算。墙身材料验算应符合《混凝土结构设计规范(2015 年版)》(GB 50010—2010)和《砌体结构设计规范》(GB 50003—2011)的规定。

3. 重力式挡土墙的构造措施

重力式挡土墙的构造措施如图 8-14 所示。

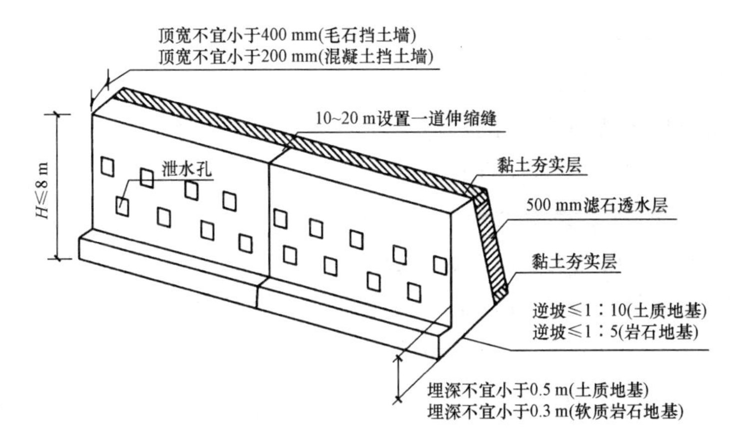

图 8-14　重力式挡土墙的构造措施

(1)重力式挡土墙适用于高度小于 8 m、地层稳定、开挖土石方时不会危及相邻建筑物的地段。

(2)重力式挡土墙可在基底设置逆坡。对于土质地基，基底逆坡坡度不宜大于 1∶10；对于岩石地基，基底逆坡坡度不宜大于 1∶5。

(3)毛石挡土墙的墙顶宽度不宜小于 400 mm；混凝土挡土墙的墙顶宽度不宜小于 200 mm。

(4)重力式挡土墙的基础埋置深度，应根据地基承载力、水流冲刷、岩石裂隙发育及风化程度等因素进行确定。在土质地基中，基础埋置深度不宜小于 0.5 m；在软质岩石地基中，基础埋置深度不宜小于 0.3 m。

(5)重力式挡土墙应每间隔 10～20 m 设置一道伸缩缝。当地基有变化时宜加设沉降缝。在挡土结构的拐角处，应采取加强的构造措施。

4. 重力式挡土墙的验算

(1)抗倾覆稳定性验算。研究表明，挡土墙的破坏大部分是倾覆破坏。要保证挡土墙在土压力的作用下不发生绕墙趾 O 点的倾覆(图 8-15)，必须要求抗倾覆安全系数$K_t \geqslant 1.6$，则

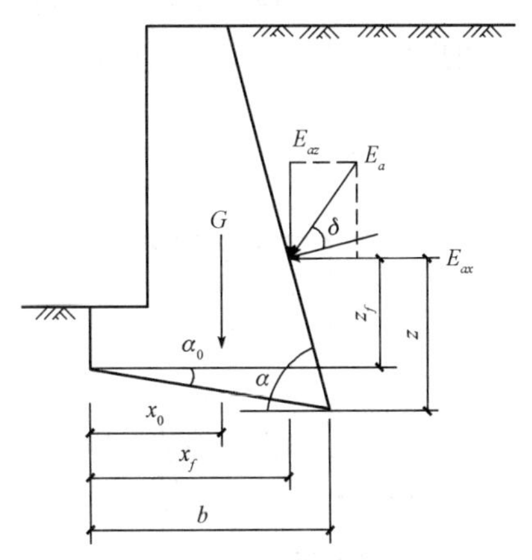

图 8-15　抗倾覆稳定性验算

$$K_t = \frac{Gx_0 + E_{az}x_f}{E_{ax}z_f} \geqslant 1.6 \qquad (8\text{-}13)$$

式中　E_{ax}——E_a 的水平分力(kN/m)，$E_{ax} = E_a \sin(\alpha - \delta)$；

E_{az}——E_a 的竖向分力(kN/m)，$E_{az} = E_a \cos(\alpha - \delta)$；

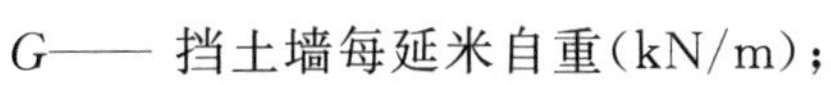

G—— 挡土墙每延米自重(kN/m)；

x_f——土压力作用点离 O 点的水平距离(m)，$x_f = b - z\tan\alpha$；

z_f——土压力作用点离 O 点的高度(m)，$z_f = z - b\tan\alpha_0$；

α_0 ——挡土墙的基底倾角(°)；

α ——挡土墙墙背的倾角(°)；

δ ——土对挡土墙墙背的摩擦角(°)；

x_0——挡土墙重心离墙趾的水平距离(m)；

b——基底的水平投影宽度(m)；

z——土压力作用点离墙踵的高度(m)。

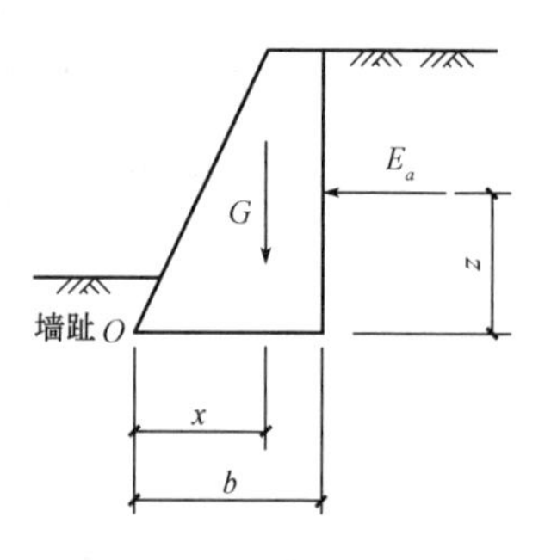

图 8-16　垂直式挡土墙抗倾覆稳定性验算

如果挡土墙墙背是垂直式的，如图 8-16 所示，则公式可以简化为

$$K_t = \frac{G \times x}{E_a \times z} \geqslant 1.6 \tag{8-14}$$

式中　G —— 挡土墙每延米自重(kN/m)；

z ——土压力 E_a 作用点离 O 点的垂直高度(m)；

x ——重力 G 作用点离 O 点的水平距离(m)；

b ——基底的水平投影宽度(m)。

(2)抗滑移稳定性验算。在土压力的作用下，挡土墙也可能沿基础底面发生滑动(图 8-17)。因此要求基底的抗滑安全系数 $K_s \geqslant 1.3$，即

$$K_s = \frac{(G_n + E_{an})\mu}{E_{at} - G_t} \geqslant 1.3 \tag{8-15}$$

式中　E_{an}——E_a 在垂直于基底平面方向的分力，$E_{an} = E_a\cos(\alpha - \alpha_0 - \delta)$；

E_{at}——E_a 在平行于基底平面方向的分力，$E_{at} = E_a\sin(\alpha - \alpha_0 - \delta)$；

G_n——挡土墙自重在垂直于基底平面方向的分力，$G_n = G\cos\alpha_0$；

G_t——挡土墙自重在平行于基底平面方向的分力，$G_t = G\sin\alpha_0$；

μ ——土对挡土墙基底的摩擦系数，可以查表 8-1。

如果挡土墙墙背是垂直式的，如图 8-18 所示，则公式可以简化为

$$K_s = \frac{\mu G}{E_a} \geqslant 1.3 \tag{8-16}$$

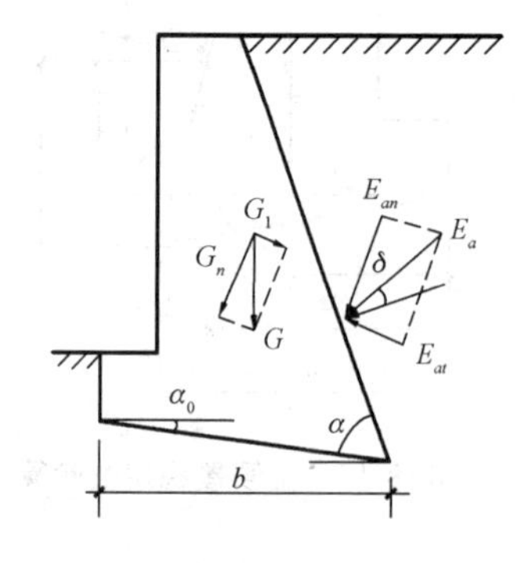

图 8-17　挡土墙抗滑移稳定性验算(一)

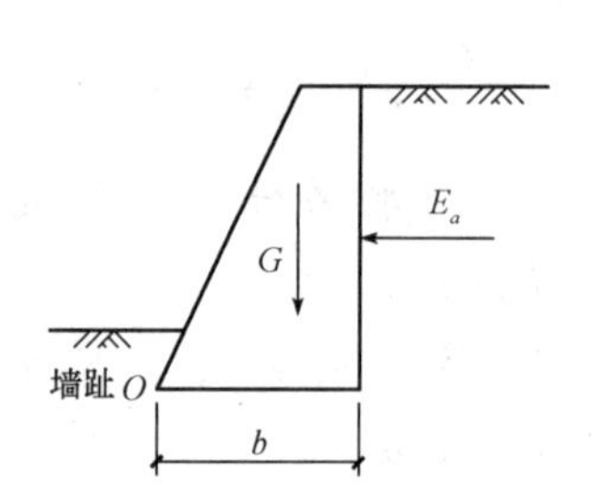

图 8-18　挡土墙抗滑移稳定性验算(二)

表 8-1　土对挡土墙基底的摩擦系数

土的类别		摩擦系数 μ
黏土	可塑	0.25～0.30
	硬塑	0.30～0.35
	坚塑	0.35～0.45
粉土		0.30～0.40
中砂、粗砂、粒砂		0.40～0.50
碎石土		0.40～0.60
软质岩		0.40～0.60
表面粗糙的硬质岩		0.65～0.75

(3)地基承载力验算(略)。

(4)墙身材料强度验算(略)。

【例 8-3】 某挡墙高为 6 m，如图 8-19 所示，墙背直立，填土面水平，墙背光滑，用毛石和 M2.5 水泥砂浆砌筑，砌体重度 $\gamma=22\ \text{kN/m}^3$，填土内摩擦角 $\varphi=40°$，$c=0$ kPa，填土重度 $\gamma=19\ \text{kN/m}^3$，基底摩擦系数 $\mu=0.5$，试设计此挡土墙。

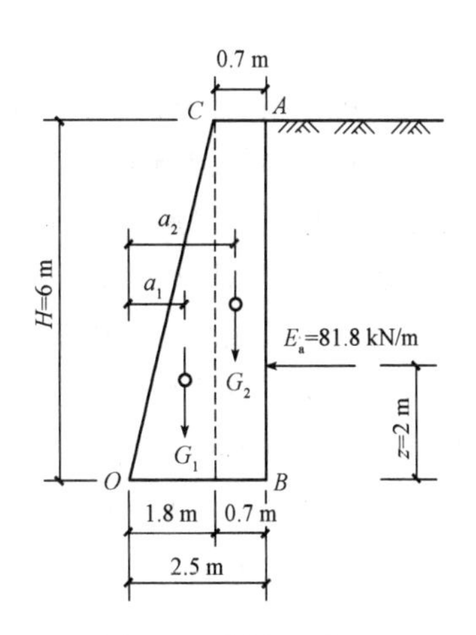

图 8-19　【例 8-3】图

【解】 (1)挡土墙断面尺寸的选择(要满足构造措施)。重力式挡土墙顶宽约 $H/12$，底宽取 $H/3\sim H/2$，初步定顶宽为 0.7 m，底宽为 2.5 m。

(2)土压力计算。

$$E_a=\frac{1}{2}\varphi_a\gamma H^2K_a=0.5\times1.1\times19\times6^2\times K_a=81.8(\text{kN/m})$$

作用点高度 2 m，水平。

(3)挡土墙自重计算。

$$G_1=\frac{(2.5-0.7)\times H\times\gamma_{毛石}}{2}=\frac{(2.5-0.7)\times6\times22}{2}=119(\text{kN/m})$$

$$G_2=0.7\times6\times22=92.4(\text{N/m})$$

作用点距 O 点距离为

$$a_1=\frac{2}{3}\times1.8=1.2(\text{m})$$

$$a_2 = 1.8 + \frac{1}{2} \times 0.7 = 2.15(\text{m})$$

(4)抗倾覆稳定性验算。

$$K_t = \frac{G_1 a + G_2 b}{E_a z} = \frac{119 \times 1.2 + 92.4 \times 2.15}{81.8 \times 2} = 2.1 \geqslant 1.6$$

满足抗倾覆稳定性要求。

(5)抗滑移稳定性验算。

$$K_s = \frac{\mu(G_1 + G_2)}{E_a} = \frac{0.5 \times (119 + 92.4)}{81.8} = 1.3$$

满足抗滑移稳定性要求。

(6)地基承载力验算(略)。

(7)墙身材料强度验算(略)。

8.4 基坑支护

8.4.1 基坑支护概述

基坑是指为进行建(构)筑物地下部分的施工由地面向下开挖出的空间。基坑支护是指为保护主体结构施工和基坑周边环境的安全，对基坑采取的临时性支挡、加固、保护与地下水控制的措施。基坑支护技术的内容包括勘察、设计、施工及监测技术，地下水的控制(只为保证支护结构施工、基坑挖土、地下室施工及基坑周边环境安全而采取的排水、降水、截水、回灌措施)和土方开挖等。

基坑支护目的与作用：一是防止基坑开挖危害周边环境，防止基坑开挖危害周边环境是支护结构的首要功能；二是保证工程自身主体结构施工安全。应为主体地下结构施工提供正常施工作业空间及环境，提供施工材料、设备堆放和运输的场地、道路条件，隔断可能内外地下水、地表水以保证地下结构和防水工程的正常施工。

8.4.2 基坑支护结构选型与分类

1. 基坑支护结构选型

基坑支护设计中首要的任务就是选择合适的结构类型，然后进行支护结构的计算分析。同一个基坑，若采用不同的支护类型，造价相差可能是巨大的，科学合理的支护形式的优化，有时往往能节省造价近千万元。例如，在强风化岩层中，可以将桩＋锚杆的支护类型优化为土钉墙支护。而在某些地方，如软土或砂层较厚而离周边民居又近的地方，当采用土钉墙支护时，又会造成危险。

(1)支护结构选型时，应综合考虑下列因素：

1)基坑深度；

2)土的性状及地下水条件；

3)基坑周边环境对基坑变形的承受能力及支护结构一旦失效可能产生的后果；

4)主体地下结构及其基础形式、基坑平面尺寸及形状；

5)支护结构施工工艺的可行性；

6)施工场地条件及施工季节；

7)经济指标、环保性能和施工工期。

(2)支护结构应按表 8-2 选择其形式。

表 8-2　各类支护结构的适用条件

<table>
<tr><th colspan="2" rowspan="2">结构类型</th><th colspan="3">适用条件</th></tr>
<tr><th>安全等级</th><th colspan="2">基坑深度、环境条件、土类和地下水条件</th></tr>
<tr><td rowspan="5">支挡式结构</td><td>锚拉式结构</td><td rowspan="5">一级、二级、三级</td><td>适用于较深的基坑</td><td rowspan="5">①排桩适用于可采用降水或止水帷幕的基坑；
②地下连续墙宜同时用作主体地下结构外墙，可同时用于截水；
③锚杆不宜用在软土层和高水位的碎石土、砂土层中；
④当邻近基坑有建筑物地下室、地下构筑物等，锚杆的有效锚固长度不足时，不应采用锚杆；
⑤当锚杆施工会造成基坑周边建(构)筑物的损害或违反城市地下空间规划等规定时，不应采用锚杆</td></tr>
<tr><td>支撑式结构</td><td>适用于较深的基坑</td></tr>
<tr><td>悬臂式结构</td><td>适用于较浅的基坑</td></tr>
<tr><td>双排桩</td><td>当锚拉式、支撑式和悬臂式结构不适用时，可考虑采用双排桩</td></tr>
<tr><td>支护结构与主体结构结合的逆作法</td><td>适用于基坑周边环境条件很复杂的深基坑</td></tr>
<tr><td rowspan="4">土钉墙</td><td>单一土钉墙</td><td rowspan="4">二级、三级</td><td>适用于地下水水位以上或经降水的非软土基坑，且基坑深度不宜大于 12 m</td><td rowspan="4">当基坑潜在滑动面内有建筑物、重要地下管线时，不宜采用土钉墙</td></tr>
<tr><td>预应力锚杆复合土钉墙</td><td>适用于地下水水位以上或经降水的非软土基坑且基坑深度不宜大于 15 m</td></tr>
<tr><td>水泥土桩垂直复合土钉墙</td><td>用于非软土基坑时，基坑深度不宜大于 12 m;用于淤泥质土基坑时，基坑深度不宜大于 6 m；不宜用在高水位的碎石土、砂土、粉土层中</td></tr>
<tr><td>微型桩垂直复合土钉墙</td><td>适用于地下水水位以上或经降水的基坑，用于非软土基坑时，基坑深度不宜大于 12 m；用于淤泥质土基坑时，基坑深度不宜大于 6 m</td></tr>
</table>

续表

结构类型	适用条件	
	安全等级	基坑深度、环境条件、土类和地下水条件
重力式水泥土墙	二级、三级	适用于淤泥质土、淤泥基坑，且基坑深度不宜大于 7 m
放坡	三级	①施工场地应满足放坡条件； ②可与上述支护结构形式结合
注：1. 当基坑不同部位的周边环境条件、土层性状、基坑深度等不同时，可在不同部位分别采用不同的支护形式； 2. 支护结构可采用上、下部以不同结构类型组合的形式		

(3)不同支护形式的结合处，应考虑相邻支护结构的相互影响，其过渡段应有可靠的连接措施。

(4)支护结构上部采用土钉墙或放坡、下部采用支挡式结构时，上部土钉墙或放坡应符合本规程对其支护结构形式的规定，支挡式结构应按整体结构考虑。

(5)当坑底以下为软土时，可采用水泥土搅拌桩、高压喷射注浆等方法对坑底土体进行局部或整体加固。水泥土搅拌桩、高压喷射注浆加固体宜采用格栅或实体形式。

2. 基坑支护分类

(1)排桩。排桩是沿基坑侧壁排列设置的支护桩及冠梁所组成的支挡式结构部件或悬臂式支挡结构。其中，冠梁是设置在挡土构件顶部的钢筋混凝土连梁，如图 8-20 所示。双排桩则指的是沿基坑侧壁排列设置的由前、后两排支护桩和梁连接成的刚架及冠梁所组成的支挡式结构。

图 8-20 排桩支护

排桩可选择混凝土灌注桩、型钢桩、钢管桩、钢板桩、型钢水泥土搅拌桩等桩型。采用混凝土灌注桩时，对悬臂式排桩，支护桩的桩径宜大于或等于 600 mm；对锚拉式排桩或支撑式排桩，支护桩的桩径宜大于或等于 400 mm；排桩的中心距不宜大于桩直径的 2.0 倍。

(2)地下连续墙。地下连续墙是基础工程在地面上采用一种挖槽机械，沿着深开挖工程的周边轴线，在泥浆护壁条件下，开挖出一条狭长的深槽，清槽后，在槽内吊放钢筋笼、灌注水下混凝土筑成一个单元槽段，如此逐段进行，在地下筑成一道连续的钢筋混凝土墙壁，作为截水、防渗、承重、挡水结构，如图 8-21 所示。地下连续墙均应设置导墙，导墙形式有预制及现浇两种。现浇导墙形状有“L”形或倒“L”形，可根据不同土质选用。

当在软土层中基坑开挖深度大于 10 m、周围相邻建筑或地下管线对沉降与位移要求较高时常采用地下连续墙作为基坑的支护结构。地下连续墙具有如下优点：

1)墙体刚度大、整体性好，因而结构和地基变形较小，可用于超深的支护结构。

2)适用于各种地质条件。特别是遇到砂卵石地层或要求进入风化岩层时，钢板桩难于施工，可采用地下连续墙支护。

3)可减少工程施工时对环境的影响。但是造价高、对废浆液难以处理。

(a)

(b)

图 8-21　地下连续墙支护

(a)导墙施工；(b)吊放钢筋笼

(3)土钉墙与锚杆支护。

1)土钉墙。土钉是指设置在基坑侧壁土体内的承受拉力与剪力的杆件。例如，成孔后植入钢筋杆体并通过孔内注浆在杆体周围形成固结体的钢筋土钉，将设有出浆孔的钢管直接击入基坑侧壁土中并在钢管内注浆的钢管土钉。土钉墙是指由随基坑开挖分层设置的、纵横向密布的土钉群、喷射混凝土面层及原位土体所组成的支护结构，如图 8-22 所示。

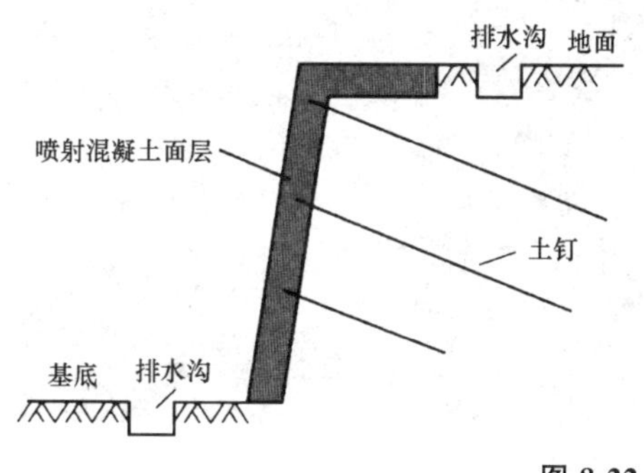

图 8-22　土钉墙

土钉墙与各种止水帷幕、微型桩及预应力锚杆等构件结合起来，根据工程具体条件选择与其中一种或多种组合，形成了复合土钉墙。由于土钉墙支护技术经济可靠，且施工简便快捷，在我国得到广泛应用。土钉墙适用于地下水水位以上或经排水措施后的杂填土，不适用于软土和腐蚀性土。土钉墙支护时基坑深度不宜超过 12 m。

2)锚杆支护。锚杆是指由杆体(钢绞线、普通钢筋、热处理钢筋或钢管)、注浆形成的固结体、锚具等所组成的一端与支护结构构件连接，另一端锚固在稳定岩土体内的受拉杆件(图 8-23)。杆体采用钢绞线时，也可称为锚索。

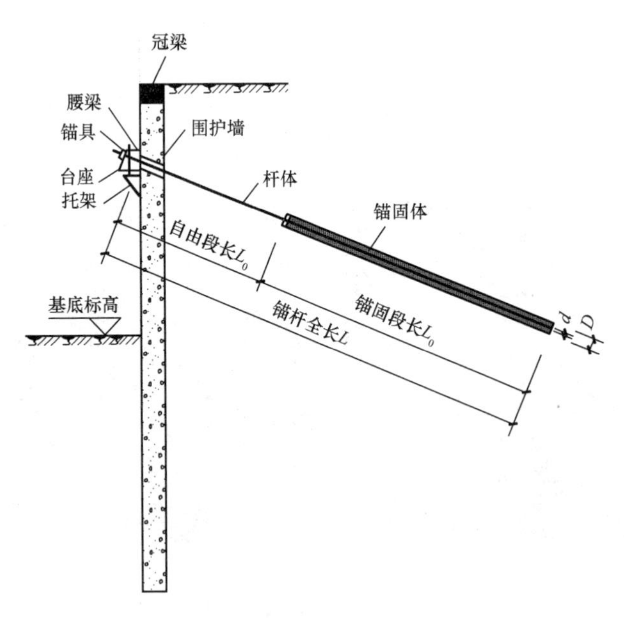

图 8-23 锚杆

(4)内支撑。内支撑是设置在基坑内的由钢筋混凝土或钢构件组成的用以支撑挡土构件的结构部件(图 8-24)。支撑构件采用钢材、混凝土时，分别称为钢内支撑、混凝土内支撑。

图 8-24 内支撑

内支撑结构应综合考虑基坑平面的形状、尺寸、开挖深度、周边环境条件、主体结构的形式等因素，选用下列内支撑形式：

1)水平对撑或斜撑，可采用单杆、桁架、八字形支撑；

2)正交或斜交的平面杆系支撑；

3)环形杆系或板系支撑；

4)竖向斜撑。

(5)重力式水泥土墙。重力式水泥土墙是指水泥土桩相互搭接成格栅或实体的重力式支护结构，如图 8-25 所示。

重力式水泥土墙宜采用水泥土搅拌桩相互搭接形成的格栅状结构形式，也可采用水泥土搅拌桩相互搭接成实体的结构形式。搅拌桩的施工工艺宜采用喷浆搅拌法。

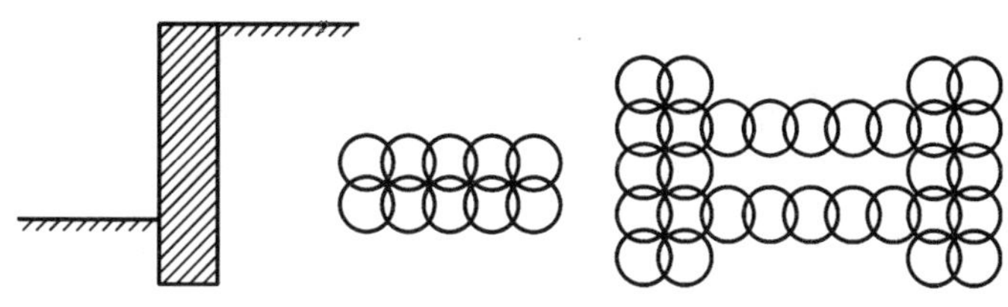

图 8-25　重力式水泥土墙

思考与练习

1. 土压力的类型有哪几种？
2. 挡土墙有哪几种类型？各有什么特点？
3. 重力式挡土墙的设计包括哪些内容？
4. 重力式挡土墙的构造措施有何要求？
5. 重力式挡土墙设计中需要进行哪些验算？
6. 常用基坑支护的类型有哪些？各有什么特点？
7. 有一挡土墙如图 8-26 所示，试用朗肯土压力理论计算出总主动土压力 E_a 的大小。

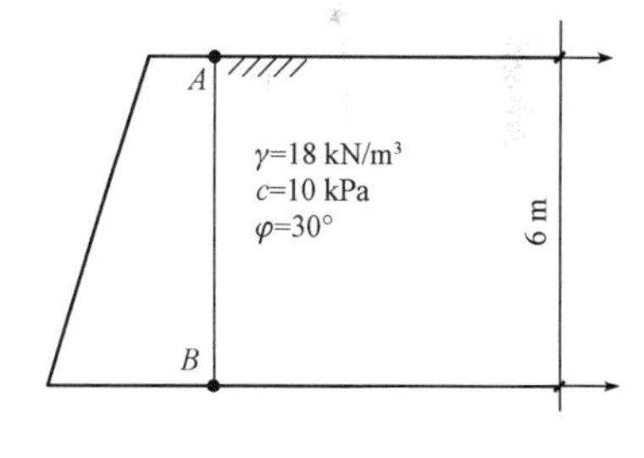

图 8-26　【习题 7】图

素质拓展

本模块通过土压力、基坑支护的典型工程案例，如都江堰、港珠澳大桥、三峡工程等，分析了工程的原理和施工工艺，展现了工程技术创新、大国工匠精神和工程智慧，同学们要从中树立大国自信，培养自我创新意识和工程思维，明确作为一名当代大学生的使命和担当。

模块 9　土工试验

9.1　土的含水量试验

含水量是指土中水的质量和土颗粒质量之比，也称含水率。土在天然状态下的含水量称为天然含水量。

1. 试验目的

含水量(含水率)是土的基本物理性质指标之一。测定土的含水量，了解土的含水情况，为计算土的孔隙比、液性指数、饱和度及土的其他物理力学试验提供必需的数据。

2. 试验方法

本试验采用烘干法测定。烘干法适用于黏性土、砂土、有机质土和冻土。

3. 仪器设备

(1)电热烘箱：温度应能控制在 105 ～110 ℃。

(2)天平：称量 200 g，最小分度值为 0.01 g；称量 1 000 g，最小分度值为 0.1 g。

(3)其他：称量铝盒、干燥器(内有硅胶或氯化钙作为干燥剂)等。

4. 操作步骤

(1)先称空铝盒的质量，精确至 0.01 g。

(2)取代表性试样(细粒土)15～30 g 或用环刀中的试样，有机质土、砂类土和整体状的冻土 50 g，放入称量铝盒内，并立即盖好盒盖，称铝盒加试样的质量。称量时可在天平一端放上与称量盒等质量的砝码，移动天平游码，达到平衡后的称量结果即为湿土质量，精确至 0.01 g。

(3)打开盒盖，将盒盖套在盒底下，一起放入烘箱内，在 105 ～110 ℃下烘至恒量。烘干时间对黏土、粉土不得少于 8 h，对砂性土不得少于 6 h。对有机质超过 5%的土，应将温度控制在 65 ～70 ℃的恒温下烘至恒重。

(4)将烘干的试样与盒取出，盖好盒盖放入干燥器内冷却至室温(一般只需 0.5 ～1 h即可)，冷却后盖好盒盖，称铝盒加干土的质量，精确至 0.01 g。

5. 注意事项

(1)刚刚烘干的土样要等冷却后才称重。

(2)称重时精确至小数点后两位。

(3)本试验需进行 2 次平行测定，取其算术平均值，允许平行差值应符合表 9-1 的规定。

表 9-1　允许平行差值

含水量/%	<40	≥40
允许平行差值/%	1.0	2.0

6. 计算公式

土的天然含水量按下列公式计算：

$$w=\frac{m_w}{m_s}\times 100\%=\frac{m_1-m_2}{m_2-m_0}\times 100\% \tag{9-1}$$

式中　w——土的含水量(%)；

m_w——试样中水的质量(g)，$m_w=m_1-m_2$；

m_s——试样中土粒的质量(g)，$m_s=m_2-m_0$；

m_1——称量盒加湿土质量(g)；

m_2——称量盒加干土质量(g)；

m_0——称量盒质量(g)。

7. 本试验记录

含水量试验记录见表 9-2。

表 9-2　含水量试验记录(烘干法)

工程名称＿＿＿＿＿＿＿＿　　试验日期＿＿＿＿＿＿＿＿

土样编号＿＿＿＿＿＿＿＿　　试验者＿＿＿＿＿＿＿＿

盒号	称量盒质量 m_0/g	湿土+盒质量 m_1/g	干土+盒质量 m_2/g	含水量 w/%	平均含水量 $\bar{w}$/%

9.2　土的密度试验

土的密度是指单位体积内土的质量。测定方法有环刀法、蜡封法、灌水法和灌砂法等。环刀法适用于一般黏性土；蜡封法适用于易破碎的土或形状不规则的坚硬土；灌水法、灌砂法适用于现场测定原状砂和砾质土的密度。

1. 试验目的

土的密度是土的基本物理性质指标之一。测定土的密度以了解土的疏密和干湿状态，为计算土的其他换算指标及工程设计提供必需的数据。

2. 试验方法

本试验采用环刀法。

3. 仪器设备

(1)环刀：内径为 61.8 mm 和 79.8 mm，高度为 20 mm；

(2)天平：称量 500 g，最小分度值为 0.1 g；称量 200 g，最小分度值为 0.01 g；

(3)其他：削土刀、钢丝锯、玻璃片、凡士林等。

4. 操作步骤

(1)测出环刀的体积 V，在天平上称环刀质量 m_1。

(2)按工程需要取原状土或人工制备所需要求的重塑土样，其直径和高度应大于环刀的尺寸，整平两端放在玻璃板上。

(3)将环刀的刀口向下放在土样上面，然后用手将环刀垂直下压，使土样位于环刀内。然后用削土刀或钢丝锯沿环刀外侧削去两侧余土，边牙边削至与环刀口平齐，两端盖上平滑的圆玻璃片，以免水分蒸发。

(4)擦净环刀外壁，拿去圆玻璃片，称取环刀加土的质量 m_2，精确至 0.1g。

(5)记录环刀加土的质量 m_2、环刀号及环刀质量 m_1 以及环刀体积(即试样体积)，见表 9-3。

5. 试验注意事项

(1)密度试验应进行 2 次平行测定，两次测定的差值不得大于 0.03 g/cm^3，取两次试验结果的算术平均值；

(2)密度计算精确至 0.01 g/cm^3。

6. 计算公式

(1)土的密度。土的密度按下式计算：

$$\rho_0 = \frac{m_0}{V} = \frac{m_2 - m_1}{V} \tag{9-2}$$

式中 ρ_0——试样的湿密度(g/cm^3)，精确到 0.01 g/cm^3；

m_0——试样的质量(g)；

V——试样的体积(环刀的内径净体积)(cm^3)；

m_1——环刀质量(g)；

m_2——环刀加土的质量(g)。

(2)试样的干密度。试样的干密度按下式计算：

$$\rho_d = \frac{\rho_0}{1+0.01w_0} \tag{9-3}$$

式中 ρ_d——干土质量密度(g/cm^3)；

ρ_0——湿土密度(g/cm^3)；

w_0——土的含水量(%)。

7. 本试验记录

土的密度试验记录见表 9-3。

表 9-3　密度试验记录(环刀法)

工程名称＿＿＿＿＿＿＿＿　试验者＿＿＿＿＿＿

试验日期＿＿＿＿＿＿＿＿　计算者＿＿＿＿＿＿

环刀号	环刀质量 /g	试样体积 /cm^3	环刀＋试样质量/g	土样质量 /g	湿密度 /($g \cdot cm^{-3}$)	试样含水量 /%	干密度 /($g \cdot cm^{-3}$)	平均干密度 /($g \cdot cm^{-3}$)

9.3　土粒比重试验

土粒比重是试样在 105 ～110 ℃下烘至恒重时，土粒质量与同体积 4 ℃水的质量之比，也称为土的相对密度。

1. 试验目的

土粒比重是土的基本物理性质指标之一。测定土粒比重，为计算土的孔隙比、饱和度及土的其他物理力学试验(如压缩试验等)提供必需的数据。

2. 试验方法

通常采用比重瓶法测定粒径小于 5 mm 的颗粒组成的各类土。

用比重瓶法测定土粒体积时，必须注意所排除的液体体积确定能代表固体颗粒的实际体积。土中含有气体，试验时必须把它排尽，否则影响测试精度，可用沸煮法或抽气法排除土内气体。所用的液体为纯水。若土中含有大量的可溶盐类、有机质、胶粒，则可用中性溶液，如煤油、汽油、甲苯等，此时，必须采用抽气法排气。

3. 仪器设备

(1)比重瓶：容量 100 mL 或 50 mL，分为长径和短径两种。

(2)天秤：称量 200 g，最小分度值 0.001 g。

(3)砂浴：应能调节温度(或可调电加热器)。

(4)恒温水槽：准确度应为±1 ℃。

(5)温度计：测定范围刻度为 0 ～50 ℃，最小分度值为 0.5 ℃。

(6)真空抽气设备。

(7)其他：烘箱、纯水、中性液体、小漏斗、干毛巾、小洗瓶、磁钵及研棒、孔径为 2 mm 及 5 mm 的筛、滴管等。

4. 操作步骤

(1)试样制备：取有代表性的风干的土样约 100 g，辗散并全部过 5 mm 的筛。将过筛的风干土及洗净的比重瓶在 100～110 ℃下烘干，取出后置于干燥器内冷却至室温，称量后备用。

(2)将比重瓶烘干，冷却后称得瓶的质量。

(3)称烘干试样 15 g(当用 50 mL 的比重瓶时，称烘干试样 10 g)，经小漏斗装入 100 mL比重瓶内，称得试样和瓶的质量，精确至 0.001 g。

(4)为排出土中空气，将已装有干试样的比重瓶，注入半瓶纯水，稍加摇动后放在砂浴上煮沸排气。煮沸时间自悬液沸腾时算起，砂土应不少于 30 min，黏土、粉土不得少于 1 h。煮沸后应注意调节砂浴温度，比重瓶内悬液不得溢出瓶外。然后，将比重瓶取下冷却。

(5)将事先煮沸并冷却的纯水(或排气后的中性液体)注入装有试样悬液的比重瓶中，如用长颈比重瓶，用滴管注水恰至刻度处，擦干瓶内、外刻度上的水，称瓶、水、土总质量。如用短颈比重瓶，将纯水注满瓶，塞紧瓶塞，使多余水分自瓶塞毛细管中溢出。将瓶外水分擦干后，称比重瓶、水和试样总质量，精确至 0.001 g。然后立即测出瓶内水的温度，精确至 0.5 ℃。

(6)根据测得的温度，从已绘制的温度与瓶、水总质量关系曲线中查得各试验比重瓶、水总质量。

(7)用中性液体代替纯水测定可溶盐、黏土矿物或有机质含量较高的土粒密度时，常用真空抽气法排除土中空气。抽气时间一般不得少于 1 h，直至悬液内无气泡逸出为止，其余步骤同前。

5. 注意事项

(1)用中性液体，不能用煮沸法。

(2)煮沸(或抽气)排气时，必须防止悬液溅出瓶外，火力要小，并防止煮干。必须将土中气体排尽，否则影响试验成果。

(3)必须使瓶中悬液与纯水的温度一致。

(4)称量必须准确，必须将比重瓶外水分擦干。

(5)若用长颈比重瓶，液体灌满比重瓶时，液面位置前后几次应一致，以弯液面下缘为准。

(6)本试验必须进行两次平行测定，两次测定的差值不得大于 0.02，取两次测值的平均值，精确至 0.01 g/cm^3。

6. 计算公式

土粒比重(相对密度)G_s 按下式计算：

$$G_s=\frac{m_d}{m_{bw}+m_d-m_{bws}}\times G_{iT} \tag{9-4}$$

式中 m_d——试样的质量(g)；

m_{bw}——比重瓶、水总质量(g)；

m_{bws}——比重瓶、水、试样总质量(g)；

G_{iT}——T(℃)时纯水或中性液体的比重。

水的密度见表 9-4，中性液体的比重应实测，称量精确至 0.001 g。

表 9-4　不同温度时水的密度

水温/℃	4.0～5	6～15	16～21	22～25	26～28	29～32	33～35	36
水的密度/(g・cm^{-3})	1.000	0.999	0.998	0.997	0.996	0.995	0.994	0.993

7. 比重瓶法测定土的比重试验记录

比重瓶法测定土的比重试验记录见表 9-5。

表 9-5　比重试验记录(比重瓶法)

工程名称＿＿＿＿＿　　试验日期＿＿＿＿＿

土样编号＿＿＿＿＿　　试验者＿＿＿＿＿

试样编号	比重瓶号	温度/℃	液体比重查表	比重瓶质量/g	干土质量/g	瓶＋液体质量/g	瓶＋液体＋干土总质量/g	与干土同体积的液体质量/g	比重	平均值
		①	②	③	④	⑤	⑥	⑦＝④＋⑤－⑥	⑧	⑨

9.4　液限、塑限联合测定试验

1. 试验目的

测定黏性土的液限 w_L 和塑限 w_P，并由此计算塑性指数 I_P、液性指数 I_L，进行判别黏性土的软硬程度。同时，作为黏性土的定名分类及估算地基土承载力的依据。

2. 基本原理

黏性土随含水量变化，从一种状态转变为另一种状态的含水量界限值，称为界限含水量。液限是黏性土从可塑状态转变为流动状态的界限含水量；塑限是黏性土可塑状态转变为半固态的界限含水量。

液限、塑限联合测定法是根据圆锥仪的圆锥入土深度与其相应的含水量在双对数坐标上具有线性关系的特性来进行的。利用圆锥质量为 76 g 的液限、塑限联合测定仪测得土在不同含水量时的圆锥入土深度，并绘制其关系直线图。在图上查得圆锥下沉深度为17 mm 时所对应的含水量即为液限；查得圆锥下沉深度为 2 mm 时所对应的含水量即为塑限。

3. 试验方法

土的液限试验——采用锥式法；

土的塑限试验——采用搓条法；

土的液塑限试验——采用液限、塑限联合测定法。

本试验采用液限、塑限联合测定法，适用于粒径小于 0.5 mm 的颗粒及有机质含量不大于试样总质量 5%的土。

4. 试验设备

(1)液限、塑限联合测定仪：如图 9-1 所示，包括带标尺的圆锥仪、电磁铁、显示屏、控制开关、测读装置、升降支座等，圆锥质量 76 g，锥角 30°，试样杯内径 40 mm，高度 30 mm。

(2)天平：称量 200 g，最小分度值为 0.01 g。

(3)其他：烘箱、干燥器、调土刀、不锈钢杯、凡士林、称量盒、孔径 0.5 mm 的筛等。

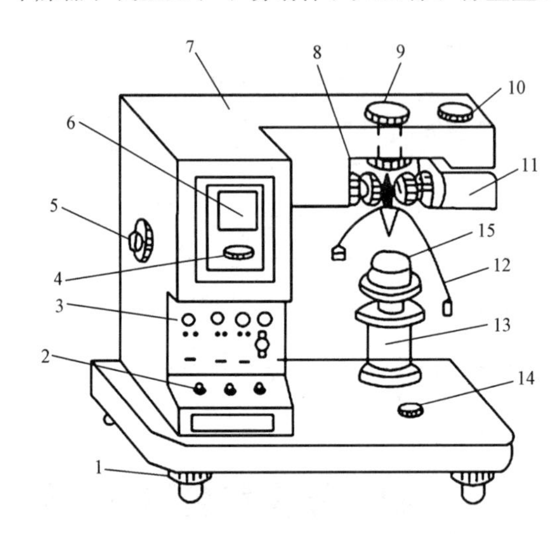

图 9-1　光电式液塑限仪结构示意

1—水平调节螺钉；2—控制开关；3—指示灯；4—零线调节螺钉；5—反光镜调节螺钉；6—屏幕；7—机壳；8—物镜调节螺钉；9—电池装置；10—光源调节螺钉；11—光源装置；12—圆锥仪；13—升降台；14—水平泡；15—试样杯

5. 操作步骤

(1)本试验宜采用天然含水量试样，当土样不均匀时，采用风干试样，当试样中含有粒径大于 0.5 mm 的土粒和杂物时应过 0.5 mm 筛。

(2)当采用天然含水量土样时，取代表性土样 250 g；采用风干试样时，取 0.5 mm 筛下的代表性土样 200 g，分成 3 份，分别放入 3 个盛土皿中，加入不同数量的纯水，使其分别接近液限、塑限和两者中间状态的含水量，调成均匀膏状，放入调土皿，浸润过夜。

(3)将制备的试样充分调拌均匀，填入试样杯中，填样时不应留有空隙，对较干的试样充分搓揉，密实地填入试样杯中，填满后刮平表面。

(4)将试样杯放在联合测定仪的升降座上，在圆锥上抹一薄层凡士林，接通电源，使电磁铁吸住圆锥。

(5)调节零点，将屏幕上的标尺调在零位，调整升降座、使圆锥尖接触试样表面，指示灯亮时圆锥在自重下沉入试样，经 5 s 后测读圆锥下沉深度(显示在屏幕上)，取出试样杯，挖去锥尖入土处的凡士林，取锥体附近的试样不少于 10 g，放入称量盒内，测定含水量。

(6)按(3)～(5)的步骤分别测试其余 2 个试样的圆锥下沉深度及相应的含水量。液限、塑限联合测定应不少于三点。

6. 注意事项

(1)圆锥入土深度宜为 3～4 mm、7～9 mm、15～17 mm。

(2)土样分层装杯时，注意土中不能留有空隙。

(3)每种含水量设 3 个测点，取平均值作为这种含水量所对应土的圆锥入土深度，如三点下沉深度相差太大，则必须重新调试土样。

7. 计算与绘图

(1)计算各试样的含水量，计算公式与含水量试验相同。

(2)绘制圆锥下沉深度 h 与含水量 w 的关系曲线。以含水量为横坐标，圆锥下沉深度为纵坐标，在双对数坐标纸上绘制关系曲线，三点连一直线(如图 9-2 中的 A 线)。当三点不在一直线上，可通过高含水量的一点与另两点连成两条直线，在圆锥下沉深度为 2 mm 处查得相应的含水量。当两个含水量的差值≥2%时，应重做试验。当两个含水量的差值<2%时，用这两个含水量的平均值与高含水量的点连成一条直线(如图 9-2 中的 B 线)。双对数坐标纸如图 9-3 所示。

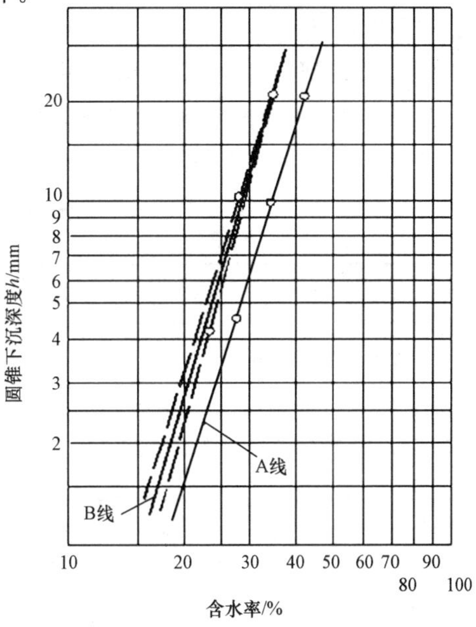

图 9-2　圆锥入土深度与含水量关系

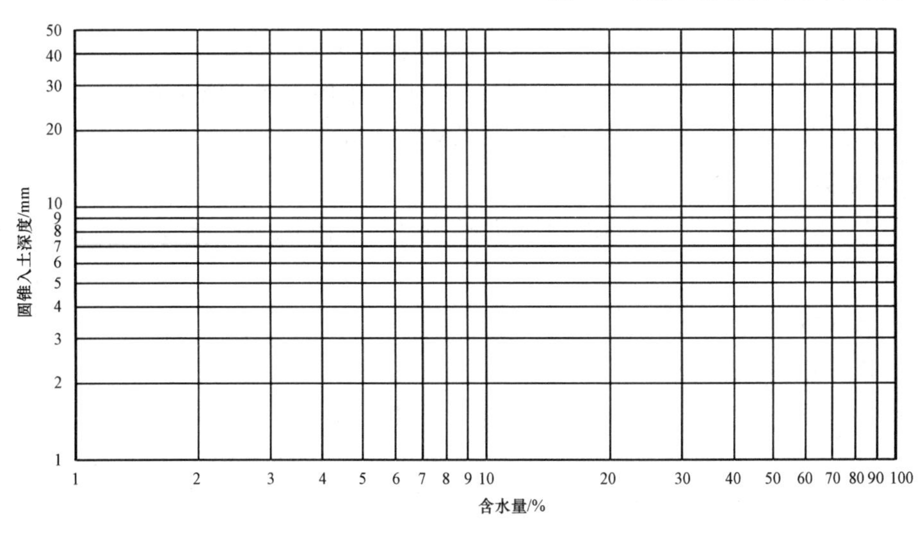

图 9-3　双对数坐标纸

(3)在圆锥下沉深度 h 与含水量 w 关系图(图 9-2)上查得：下沉深度为 17 mm 所对应的含水量为液限 w_L；下沉深度为 2 mm 所对应的含水量为塑限 w_P，以百分数表示，精确至 0.1%。

(4)计算塑性指数和液性指数。

塑性指数：

$$I_P = w_L - w_P \tag{9-5}$$

液性指数：

$$I_L = \frac{w - w_P}{I_P} \tag{9-6}$$

8. 试验记录

液限、塑限联合试验记录见表 9-6。

表 9-6　液限、塑限联合试验记录(液限、塑限联合测定法)

工程名称＿＿＿＿＿＿　试验者＿＿＿＿＿＿

试样编号＿＿＿＿＿＿　计算者＿＿＿＿＿＿

试验日期＿＿＿＿＿＿　校核者＿＿＿＿＿＿

试样编号	圆锥下沉深度/mm	盒号	湿土质量/g	干土质量/g	含水量/%	液限/%	塑限/%	塑性指数 I_P
			①	②	③	④	⑤	⑥

9.5　标准固结(压缩)试验

土的固结试验是将土样放在金属容器内，在有侧限的条件下施加垂直压力，观察土在不同压力作用下的压缩变形量，并测定土的压缩性指标。

1. 试验目的

测定土的压缩性指标——压缩系数和压缩模量，了解土的压缩性，为地基变形计算提供依据。

2. 仪器设备

本试验采用杠杆式压缩仪。

(1)固结容器：由环刀、护环、透水板、水槽、加压及传压装置和百分表等组成(图 9-4)。

1)环刀：内径为 61.8 mm 和 79.8 mm，面积为 30 cm^2，高为 20 mm。环刀应具有一定的刚度，内壁应保持较高的光洁度，宜涂一薄层硅脂或聚四氟乙烯。

2)透水板：由氧化铝或不受腐蚀的金属材料制成，其渗透系数应大于试样渗透系数。用固定式容器时，顶部透水板直径应小于环刀内径 0.2～0.5 mm；当用浮环式容器时，上下端透水板直径相等，均应小于环刀内径。

(2)加压设备：应能垂直地在瞬间施加各级压力，且没有冲击力。

(3)变形量测设备：量程 10 mm、最小分度值为 0.01 mm 的百分表或精确度为全量程 0.2%的位移传感器。

(4)其他 ：天平、刮刀、钢丝锯、玻璃片、凡士林、滤纸、秒表等。

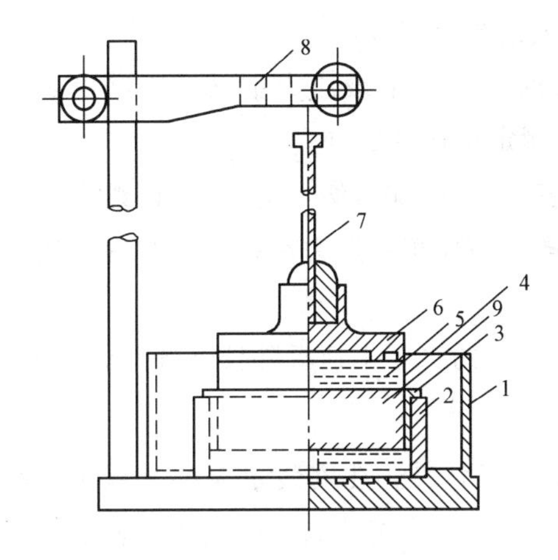

图 9-4　固结仪示意

1—水槽；2—护环；3—环刀；4—导环；5—透水板；
6—加压上盖；7—位移级导杆；8—位移计架；9—试样

3. 操作步骤

(1)环刀取土：将环刀内壁涂一薄层凡士林，刃口向下，放在试样上端表面，先用两手将环刀轻轻地下压，再用削土刀将上下两端多余的土削去并与环刀齐平。

(2)擦净粘在环刀外壁的土屑，称量环刀与土的质量(精确至 0.1 g)，求得试样在试验前的密度，同时将环刀四边修削下来的试样(重约 10 g)放入铝盒，称得铝盒与土的质量后，再放入烘箱烘至恒重，再称质量，以测得试验前的含水量。

(3)先在固结容器内放置护环、透水板和润湿的薄型滤纸，将试样同环刀一起放入护环内，再套上导环，然后在试样顶面再依次放上润湿的薄型滤纸、透水板、加压上盖和钢球，并适当移动将固结容器置于加压框架正中，使加压上盖正好与加压框架(横梁)中心对准，与此同时安装百分表或位移传感器(在此应当注意：滤纸和透水板的湿度应接近试样的湿度；另外，当轻轻按下杠杆使加压横梁正好与钢球接触时，不能使其受力)。

(4)施加 1 kPa 的预压力使试样与仪器上下各部件之间接触，将百分表或位移传感器调整到零或测读初读数。至此，试验的准备工作已经就绪。

(5)开始加荷：根据实际需要确定需要施加的各级压力，压力等级宜以 12.5、25、50、100、200、400、800、1 600(kPa)的顺序施加。第一级压力的大小应视土的软硬程度而定，宜用12.5 kPa、25 kPa或50 kPa，最后一级压力应大于土的自重压力与附加压力之和。只需测定压缩系数时，最大压力不小于400 kPa。

本次试验由于受课时的限制，统一按50 kPa、100 kPa、200 kPa、400 kPa四级荷载顺序施加压力。学生做试验时限于课内时间，可缩短固结时间，每级荷载历时9 min，即每加一级荷载测至9 min的读数。记录下百分表的读数之后再加下一级荷载，直至第四级荷载施加完毕为止。

对于饱和试样施加第一级压力后应立即向水槽中浸没试样。非饱和土试样进行压缩试验时须用湿棉纱围住加压板周围。

(6)需要进行回弹试验时，可在某级压力下试样固结稳定后退压，直到退到要求的压力，每次退压至24 h后测定土样的回弹量。

(7)不需要测定沉降速率时，施加每级压力后24 h测定试样高度变化作为稳定标准。只需测定压缩系数时的试样，施加每级压力后。每小时变形达0.01 mm时，测记稳定读数作为稳定标准。

(8)试验结束后吸去容器中的水，迅速拆除仪器各部件，取出整块试样测定含水量。

4. 注意事项

(1)安装好试样，再安装百分表。在安装量表的过程中，小指针需调至整数位，大指针调至零，量表杆头要有一定的伸缩范围，固定在量表架上。

(2)加荷时，应按顺序加砝码；试验中不要振动试验台，以免指针产生移动。

5. 试验成果整理

(1)计算试样的初始孔隙比：

$$e_0=\frac{G_s(1+w_0)\rho_w}{\rho_0}-1 \tag{9-7}$$

式中 G_s——土粒的比重；

w_0——压缩前试样的含水量(%)；

ρ_0——压缩前试样的密度(g/cm^3)；

ρ_w——水的密度(g/cm^3)。

(2)计算各级压力下试样固结稳定后的孔隙比：

$$e_i=e_0-\frac{1+e_0}{h_0}\Delta h_i \tag{9-8}$$

或

$$e_i=\frac{h}{h_s}-1 \tag{9-9}$$

式中 h_0——试样初始高度，等于环刀高度20 mm；

h_s——试样中土粒(骨架)净高，$h_s=\frac{h_0}{1+h_0}$；

h——在某一级压力下试样固结稳定后的高度(mm)，按下式计算：

$$h=h_0-(\Delta h_1-\Delta h_2) \tag{9-10}$$

Δh_1——在同一级压力下试样和仪器的总变形(mm)，即等于施加第一级压力前预压调整时的百分表起始读数与某一级压力下试样固结稳定后的百分表的读数之差；

Δh_2 ——在同一级压力下仪器的总变形(mm)(其值可由实验室给出)。

(3)计算各级压力下试样固结稳定后的单位沉降量：

$$S_i = \frac{\sum \Delta h_i}{h_0} \times 10^3 \ (\text{mm/m}) \tag{9-11}$$

式中 Δh_i ——某级压力下试样固结稳定后的总变形(mm)(即高度的累计变形量)；其值等于该级压力下固结稳定读数减去仪器变形量。在试验过程中测出各级压力 p_i 作用下的 $\Delta h_i = \Delta h_1 - \Delta h_2$ 。

(4)计算某级压力下的压缩系数 a 和压缩模量 E_s：

$$a = \frac{e_i - e_{i+1}}{p_{i+1} - p_i} \ (\text{MPa}^{-1}) \tag{9-12}$$

$$E_s = \frac{1 + e_i}{a} \ (\text{MPa}) \tag{9-13}$$

求压缩系数 a 时，一般取 $p_1 = 100$ kPa，$p_2 = 200$ kPa，用压缩系数 a_{1-2} 表示。可以用来判定土的压缩性：若 $a_{1-2} < 0.1\ \text{MPa}^{-1}$，为低压缩性；$0.1\ \text{MPa}^{-1} \leqslant a_{1-2} < 0.5\ \text{MPa}^{-1}$，为中压缩性；$a_{1-2} \geqslant 0.5\ \text{MPa}^{-1}$，为高压缩性。

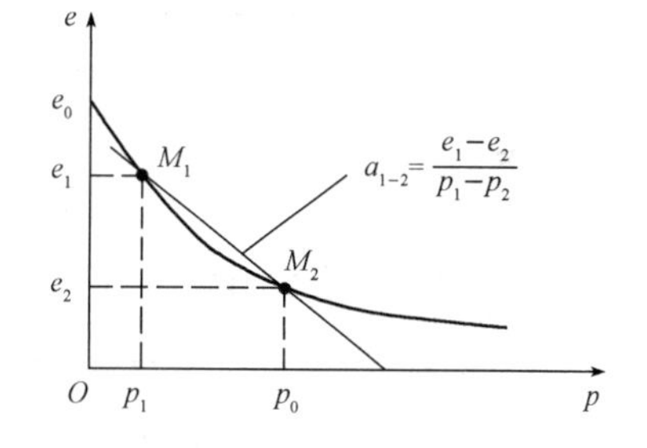

图 9-5 e-p 曲线

(5)以孔隙比 e 为纵坐标、压力 p 为横坐标，绘制孔隙比与压力的 e-p 曲线(图 9-5)；

(6)土的标准固结试验记录，见表 9-7～表 9-10。

表 9-7 土的标准固结试验记录 (一)

工程编号__________ 试验日期__________

试样编号__________ 试验者__________

仪器编号__________ 计算者__________

压力	0.05 MPa		0.1 MPa		0.2 MPa		0.39 MPa		0.4 MPa	
经过时间/min	时间	变形读数	时间	变形读数	时间	变形读数	时间	变形读数	时间	变形读数
0										
0.1										
0.25										
1										
2.25										
4										
6.25										

续表

压力	0.05 MPa		0.1 MPa		0.2 MPa		0.39 MPa		0.4 MPa	
经过时间/min	时间	变形读数	时间	变形读数	时间	变形读数	时间	变形读数	时间	变形读数
9										
12.25										
16										
20.25										
25										
30.25										
36										
49										
64										
100										
200										
1 380										
1 440										
总变形量/mm										
仪器变形量/mm										
试样总变形量/mm										

表 9-8　土的标准固结试验记录（二）

工程编号__________　　试样面积____________________　　试验者__________

仪器编号__________　　土粒相对密度__________________　　计算者__________

试样编号__________　　试验前孔隙比 e_0 ________________　　校核者__________

试验日期__________　　试验前试样高度 h_0 ________________

含水量试验记录

项目 时间	盒号	湿土质量/g	干土质量/g	含水量/%	平均含水量/%
试验前					
试验后					

表 9-9　密度试验记录

环刀号	湿土质量/g	环刀容积/cm^3	湿密度/($g \cdot cm^{-3}$)

表 9-10　压缩模量计算

加压历时 /h	压力 p /MPa	试样变形量 /mm	压缩后试样高度 h/mm	孔隙比 e_i	压缩系数 a/MPa^{-1}	压缩模量 E_s/MPa
		$\sum \Delta h_i$	$h_0 - \sum \Delta h_i$			

9.6　直接剪切试验

剪切试验的目的是测定土的抗剪强度指标。通常采用 4 个试样为一组，分别在不同的垂直压力 σ 作用下，施加水平剪应力进行剪切，求得破坏时的剪应力 τ，然后根据库仑定律确定土的抗剪强度参数(内摩擦角 φ 和黏聚力 c 值)。

直接剪切试验是测定土的抗剪强度的一种常用方法。根据排水条件不同具体可分为慢剪试验(S)、固结快剪试验(CQ)和快剪试验(Q)三种。

一、慢剪试验

本试验方法适用于细粒土。

1. 仪器设备

(1)应变控制式直接剪切仪，主要部件包括剪力盒、垂直加压设备、剪切传动装置、测力计及位移量测系统等。

(2)环刀：内径为 61.8 mm，高度为 20 mm。

(3)位移量测设备：量程为 10 mm、分度值为 0.01 mm 的百分表；精确度为全量程 0.2%的传感器。

2. 操作步骤

(1)切取试样：按工程需要用环刀切取一组试样，至少 4 个，并测定试样的密度及含水量。如试样需要饱和，可对试样进行抽气饱和。

（2）安装试样：对准剪切容器的上下盒，插入固定销钉。在下盒内放入一块透水板，上覆一张滤纸。将装有试样的环刀平口向下，对准剪切盒，试样上放一张滤纸，再放上一块透水板，将试样慢慢推入剪切盒内，移去环刀。需要注意的是，透水板和滤纸的湿度接近试样的湿度。

（3）移动传动装置：顺时针转动手轮，使上盒前端钢珠刚好与测力计接触（即量力环中的量表的指针刚被触动），依次加上传压板（上盖）、钢珠及加压框架，安装垂直位移和水平位移量测装置，调整测力计（即量力环中量表）读数为零或测记初读数。

每组 4 个试样，分别在 4 种不同的垂直压力下进行剪切。在教学上，可取 4 个垂直压力分别为 100 kPa、200 kPa、300 kPa、400 kPa。

（4）施加垂直压力：根据工程实际和土的软硬程度施加各级垂直压力。对松软试样垂直压力应分级施加，以防土样挤出。施加压力后，向盒内注水。非饱和试样应在加压板周围包以湿棉纱。

（5）施加垂直压力后，每 1 h 测读垂直变形一次，直至试样固结变形稳定。变形稳定标准为每小时不大于 0.005 mm。

（6）拔出固定销钉，开动秒表、记录，以 4～6 r/min 的均匀速率旋转手轮，对试样施加水平剪力，即以小于 0.02 mm/min 剪切速度进行剪切（在教学中可采用 6 r/min），试样每产生 0.2～0.4 mm 测记测力计和位移读数，直至测力计读数出现峰值。如测力计中的测微表指针不再前进，或有显著后退，表示试样已经被剪破，但一般宜剪至剪切变形达 4 mm为止。若量表指针再继续增加，则剪切变形应达 6 mm 为止。手轮每转一圈，同时记录测力计量表读数，直到试样剪坏停止试验（注：手轮每转一圈推进下盒 0.2 mm）。

（7）拆卸试样：剪切结束后，吸去剪切盒内的积水，倒转手轮退去剪切力和垂直压力，移动加压框架、上盖板，取出试样，测定试样的含水量。

3. 注意事项

（1）先安装试样，再装量表。安装试样时要用透水板把土样从环刀推进剪切盒里，试验前量表中的大指针调至零。

（2）加荷时，不要摇晃砝码；剪切时要先拔出销钉。

4. 计算及绘图

（1）估算试样的剪切破坏时间。当需要估算试样的剪切破坏时间时，可按下式计算：

$$t_f = 50t_{50} \tag{9-14}$$

式中 t_f——达到破坏所经历的时间（min）；

t_{50}——固结度达 50％所需的时间（min）。

（2）计算各级垂直压力下的剪应力（以最大剪应力为抗剪强度）：

$$\tau = \frac{C_0 \cdot R}{A_0} \times 10 \tag{9-15}$$

式中 τ——试样所受的剪应力（kPa）；

C_0——测力计（量力环）校正系数（kPa/0.01 mm）；

R——剪切时测力计量表最大读数，或位移 4 mm 时的读数，精确至 0.01 mm。

(3)绘制 τ-σ 关系曲线。以垂直压力 σ 为横坐标，以抗剪强度 τ 为纵坐标，纵横坐标必须同一比例，根据图中各点绘制 τ-σ 关系曲线，该直线的倾角为土的内摩擦角 φ，该直线在纵轴上的截距为土的黏聚力 c，如图 9-6 所示。

(4)慢剪试验的记录格式见表 9-11。

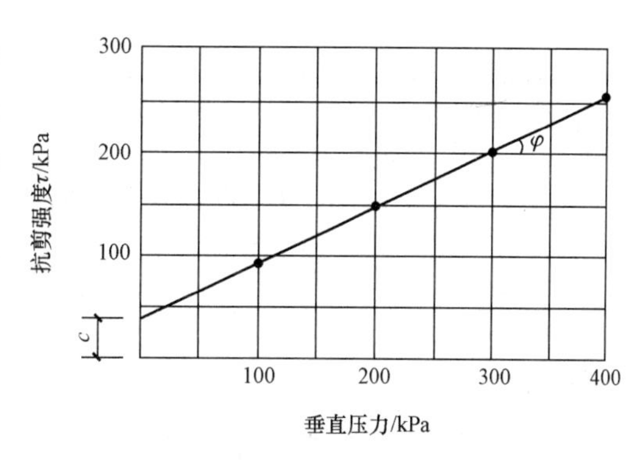

图 9-6 抗剪强度与垂直压力关系曲线

表 9-11 慢剪试验的记录

工程编号________ 试验方法________ 试验日期________

仪器编号________ 土壤类别________ 试验者________

试样编号________ 量力环校正系数________ 计算者________

量表读数 / 手轮转数	各级垂直压力			
	100 kPa	200 kPa	300 kPa	400 kPa

续表

量表读数 / 手轮转数	各级垂直压力			
	100 kPa	200 kPa	300 kPa	400 kPa
抗剪强度				
剪切历时				
固结时间				
剪切前压缩量				

二、固结快剪试验

固结快剪试验步骤：如试样制备、安装和固结应按慢剪试验的第(1)～(5)条步骤进行。固结快剪试验的剪切速度为0.8 mm/min，使试样在3～5 min内剪损。其剪切步骤应按慢剪试验的第(6)、(7)条操作步骤进行。固结快剪试验的计算、绘图及试验记录的格式与慢剪相同。

固结快剪试验法适用于测定渗透系数小于10^{-6}cm/s的细粒土。

三、快剪试验

快剪试验步骤：试样制备、安装应按慢剪试验的第(1)～(4)条步骤进行(注意：安装时应以硬塑料薄膜代替滤纸，不需安装垂直位移装置)。快剪试验是在试样上施加垂直压力后，拔去固定销，立即以0.8 mm/min的剪切速度按慢剪试验的第(5)、(6)条步骤进行至试验结束；使试样在3～5 min内剪损。一般在整个试验过程中，不允许试样的原始含水量有所改变，即在试验过程中孔隙水压力保持不变。

快剪试验法适用于测定渗透系数小于10^{-6}cm/s的细粒土。

参考文献

[1]中华人民共和国住房和城乡建设部.JGJ 94—2008 建筑桩基技术规范[S]. 北京：中国建筑工业出版社，2008.

[2]中华人民共和国住房和城乡建设部，中华人民共和国国家质量监督检验检疫总局.GB 50007—2011 建筑地基基础设计规范[S]. 北京：中国计划出版社，2012.

[3]中华人民共和国住房和城乡建设部.JGJ 79—2012 建筑地基处理技术规范[S]. 北京：中国建筑工业出版社，2013.

[4]中华人民共和国住房和城乡建设部，中华人民共和国国家质量监督检验检疫总局.GB 50009—2012 建筑结构荷载规范[S]. 北京：中国建筑工业出版社，2012.

[5]中华人民共和国住房和城乡建设部.GB 50010—2010 混凝土结构设计规范(2015年版)[S]. 北京：中国建筑工业出版社，2011.

[6]中国标准设计研究院. 22G101—3 混凝土结构施工图平面整体表示方法制图规则和构造详图(独立基础、条形基础、筏形基础、桩基础)[S]. 北京：中国标准出版社，2022.

[7]中华人民共和国住房和城乡建设部，中华人民共和国国家质量监督检验检疫总局.GB 50011—2010 建筑抗震设计规范(2016 年版)[S]. 北京：中国建筑工业出版社，2010.

[8]中华人民共和国住房和城乡建设部，中华人民共和国国家质量监督检验检疫总局.GB 50202—2018 建筑地基基础工程施工质量验收标准[S]. 北京：中国计划出版社，2018.

[9]中华人民共和国住房和城乡建设部，中华人民共和国国家质量监督检验检疫总局. GB 50021—2001 岩土工程勘察规范(2009 年版)[S]. 北京：中国建筑工业出版社，2002.

[10]陈晋中. 土力学与地基基础[M]. 北京：机械工业出版社，2008.

[11]王雅丽. 土力学与地基基础[M]. 4 版. 重庆：重庆大学出版社，2016.

[12]孙武斌，焦同战. 地基与基础[M]. 北京：中国水利水电出版社，2018.

[13]赵欢，毕升. 土力学与地基基础[M]. 北京：北京理工大学出版社，2018.